怎样当好猪场场长

ZENYANG DANGHAO ZHUCHANG CHANGZHANG

成建国　编著

中国科学技术出版社

·北 京·

图书在版编目（CIP）数据

怎样当好猪场场长 / 成建国编著 . —北京：中国
科学技术出版社，2017.1

ISBN 978-7-5046-7384-8

I.①怎… II.①成… III.①养猪场—经营管理
IV.① S828

中国版本图书馆 CIP 数据核字（2017）第 000888 号

策划编辑	乌日娜
责任编辑	乌日娜
装帧设计	中文天地
责任校对	刘洪岩
责任印制	马宇晨

出　　版	中国科学技术出版社
发　　行	中国科学技术出版社发行部
地　　址	北京市海淀区中关村南大街16号
邮　　编	100081
发行电话	010-62173865
传　　真	010-62173081
网　　址	http://www.cspbooks.com.cn

开　　本	889mm×1194mm　1/32
字　　数	187千字
印　　张	8
版　　次	2017年1月第1版
印　　次	2017年1月第1次印刷
印　　刷	北京盛通印刷股份有限公司
书　　号	ISBN 978-7-5046-7384-8 / S·617
定　　价	26.00元

P*reface* 前言

　　我国是养猪大国，随着我国经济的快速发展，养猪业也在快速发展，而养猪业发展的必然趋势就是养猪产业化，也就是规模化养猪。散养户逐渐减少，规模化猪场越来越多；专业户及小型猪场经过优胜劣汰，他们的猪场规模越来越大；这是所有发达国家养猪业所走过的路，也是我国养猪业发展的必然趋势。

　　近几年来，我国养猪业的变化主要表现在两个方面：一是向集约化、规模化、专业化、合作社化方向发展已形成不可逆转的趋势；二是养猪业已进入高风险、高投入、高科技的时代。面临这两大变化，中小猪场应该重新思考自身角色的定位、产品的定位、市场的定位、管理策略的定位等这些重大而严肃且亟待解决的问题。养猪业既然投入大、风险大，那么为何还会有很多人进入？甚至"城"外的人进入亦不在少数，其出路何在？是否过于信赖某些专家的预测："未来十年将是养猪业盈利的黄金时期！"客观地分析，随着养猪业成本的剧增、疫病风险的加大、猪场经营环境的复杂化程度和管理难度的提高，这些导致了猪场投入产出比的不对应，投入上升，产出受限，效益的提升遇到阻力。

　　养猪效益的高低在于猪场管理的好坏，而对于猪场管理者来说，一个优秀的管理团队则取决于培养方法的正确性。许多规模化猪场大都存在着经营、管理困难的问题，特别是中小猪场，更是普遍存在对员工的认知和重视不够，留不住人才；没有好的前景和提升空间，吸引不到人才；没有好的工作环境、好的激励机制和恰当的薪酬待遇；缺少人性化的关怀及沟通；没有好的学习和培训环境，无法培养一个好的团队；缺少技术人才和专业管理人才等问题。所以，组建和培养一个有凝聚力和高水平的管理队伍是做好猪场经营的关键。

要搞好猪场，以较低的成本获得较高的生产效益，不仅取决于是否采用科学的养猪技术、饲养技术及现代化的猪舍，而且取决于养猪场的经营管理水平的高低。搞好猪场的经营管理是提高养猪生产经济效益的重要措施。

中小猪场的管理者要有掌握场内数据和场外数据（主要是市场价格）的能力。作为养猪企业的管理者，应对本企业自身因素及企业外各种政策因素、市场和竞争环境进行透彻的了解和分析，及时采取相应的对策，力求做到知己知彼，以求百战不殆，为企业调整战略、为顾客提供满意的高质量产品和做好服务提供依据。经常参加一些养猪行业会议，积极加入并参与养猪行业的各种组织活动，充分利用现代信息工具。

中小猪场的根本目的在于盈利，而决定养猪企业经济效益好坏的两大要素是科学技术和经营管理。先进的经营管理方法是推动现代化、商品化养猪企业发展的车轮，科学、先进、合理的经营管理是企业致胜的法宝。

编 著 者

$\mathcal{C}$ontents 目 录

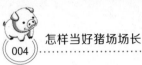

第一章
猪场场长素质培养

当前养猪业面临三大难题，一是"病难防"，二是"钱难赚"，三是"人难找"。在此"三难"中，其关键点在于"人难找"，而"人难找"更主要的是指猪场场长难找。这对于养猪人来说，是严峻的、巨大的挑战。养猪业要安全、健康、可持续发展，要取得良好的社会、生态、经济效益，靠什么？靠人，靠管理，靠科学有效的管理。事在人为，成功在于路线，在于领导。人才、人力成为制约养猪业发展的重要资源性因素。我国养猪业最缺乏的是什么？是人才。是什么样的人才呢？是饲养管理专家？是猪病防治专家？是营养专家？是育种专家？这些都是，也都不是。我国养猪业最缺乏的是懂得规模化猪场正规化管理的全能型场长。

当前规模猪场管理的常见问题：猪场有一定规模，发展没有方向，没有规划，员工没有未来；计划不少，制度很多，执行却太差；管理人员缺失，张飞领导诸葛亮，造成猪场内耗，产生1+1<1现象；场长一马当先，车间主任却跟不上，员工在思考，场长在行动；场长经常大发脾气，员工不知道怎么办；急需熟练员工，但好员工不断跳槽；工作不到位，借口一大堆，每个人都

很忙；场长恨铁不成钢，逼着员工学习，却是皇上不急太监急；新老员工矛盾，产生特权阶层，元老级人物自以为是，几个人得势，大多人失意；小企业犯大企业病，程序繁多、部门壁垒、信息不通；以德服人，以情服人，就不以"法"服人，不敢承担责任，有责任就推，有利益就抢，爱玩小聪明，做事不认真。

一、猪场场长应具备的条件

我国养猪业正由散放型向集约化过渡，规模化猪场近几年也呈现较猛的发展势头。然而，发展的迅速加之行业的特殊性，使得规模化猪场的人才稀缺日渐加剧。作为规模化猪场的场长应具备怎样的素质，如何才能管理好一个规模化的猪场？猪场场长是一个猪场的主心轴，其作用意义不言而喻，如何才能成为一名好的场长呢？

（一）具备职业道德

1. 主人翁态度　猪场场长应把养猪场当作自己的事业。担当两种角色，一是执行猪场内部的管理，确保目标得以完成；二是场长乃一场之主、群龙之首，是场内职工利益的集中代表。场长应该是在确保完成猪场目标的基础上，平时多关心、爱护职工，尽可能地满足或维护职工的正当利益；应该努力平衡好猪场利益与职工利益之间的关系，特别是制定工资方案时一定要注意两者利益的统一性。

2. 具有良好的职业操守　场长是决策者，是教师、教练、带头人，更要严于律己、宽以待人、克己奉公、利他助人、诚实守信、公平公正、谦虚谨慎、勇于批评和自我批评。高尚品德十分重要，能使管理者有个人魅力，有影响力、感召力、凝聚力。德能赢得人心，得人心者得天下。做事先做人，人品很重要。

"德才兼备，以德为先"。场长必须对养猪事业有极高的忠诚度，讲信用，作风正，敢于伸张正义、弘扬正气。对于场内制度、规定，场长要以身作则、带头遵守，严于律己，率先垂范，树立榜样，显现出一身正气。"己不正，岂能正人"，否则会让人口服心不服。要正确地使用权力，不可滥用职权，禁止徇私舞弊。简言之，即立身要正，行事要稳，品德要端，待人要宽，律己要严，树立浩然正气，以德感召人心。

3. 公平、公开、公正　公平、公正是每一个职工对场长处事的期盼，俗话说"一碗水要端平"就是这个道理。公平、公正的处理问题是场长的立身之基，即使是自己的亲友在场内犯错误时，也应一视同仁，以免引起职工的不满情绪，降低自己的威信。公开就是让人明明白白，不存疑虑。平时或月末可以将生产数据情况制表张贴上墙，让每一位员工都知道自己本月（或本批猪）生产状况完成情况：哪些数据达到了，哪些数据还未达到，做到心中有数；让员工互相比较，形成竞争，能极大地提高场内生产水平。另外，在计算或发放工资时，一定要让职工明明白白，要让工资能体现出"你为猪场创造了多大成果，猪场给你多少回报"这一多劳多得的原则，要让职工知道自己为什么只能得这么多钱，使其口服心服。否则，暗箱操作或不明不白地发放工资，会让职工一团雾水、互相猜忌，严重地影响职工工作积极性。

4. 不断提升个人权利，树立场长威信　领导的权力分为两种，一种是职位权利，是组织赋予的；另一种是个人权利，是个人修养、素质、品德、能力在人们心中的认可程度，个人权利是真正让人信服的权力，猪场场长在行使职位权利时，需要不断提升自己的个人权利，要让职工在内心里由衷地敬佩你，接受你的领导。所以，场长要时刻树立正气，加强自身品德修养，刻苦学习，不断提升自己的业务水平，努力做到人格权威，技术权威。

（二）具备执著的事业心和强烈的责任心

场长的责任心是第一要素，是事业成功的基础，同时又可体现在勤奋务实的日常工作中。执著的责任心才能够爱岗敬业，才能够严格要求自己、约束自己。同时，也能够为自己的员工树立一面旗帜，带领员工勤奋踏实地工作。场长具有责任心，才能给员工树立样板，带领整个团队做好养猪的每个环节，使猪场盈利。

（三）具有专业技能

猪场场长是猪场的设计师和总指挥，应具备较扎实的专业知识和全面系统的猪场管理知识，不仅要熟悉养猪场的繁殖、兽医、营养、饲养管理等关键环节控制点，驾驭猪场的每一个细节，还要熟悉相关的法律、法规和生猪及饲料市场变化情况。全面的过硬技术是保证猪群健康的基础，才能保证有能力控制一切可能发生的特殊情况。场长要具备科学发展观，勇于实践，能够从生产实践中发现和解决问题，减少成本和增加利润。还要有刻苦学习、善于学习、抓住一切机会学习的精神，认真地从课堂学、从书本学、从同事学、从实践学、从网络学，不断地接受新观念、新知识、新技术，开阔视野，拓宽思路，提升自身综合素质，增长才干。对新技术、新工艺、新药物和饲料要有接受能力，不能囿于成见，满足现状，故步自封，落伍于时代。

场长要做到以下几"勤"：

勤看：多巡栏，每天观察1次各个猪舍，及时发现问题；不光要看猪，也要看人，看设备，并且要看仔细，要发现问题，管理就是发现并弥补漏洞。

勤交流：场长要善于沟通，与员工多交流，在传达目标和信息的同时，了解员工的想法和猪场的问题；保证一线员工在正确的时间从事最正确的事情，而且还能及时把握猪场的现状——人与猪，发现个别问题，当时就解决；发现普遍问题，当时就开会。发现一个，解决一个，千万不能等问题积累了一大堆，再一个一个地去解决。

勤动手：亲自动手示范指导，多教员工一些职业技能。

勤动脑：要动脑、善琢磨，多琢磨，时间长了，养猪人自己就是专家了。要及时了解市场动态和先进养猪技术，把握时机改善猪场。

勤沟通：猪场规模大，场长不可能每个猪都掌握，要同员工、技术人员多交流，要善于倾听。

勤记录、勤分析：每一个规模猪场都应该指定专职人员专门记录猪场生产需要的数据，以便于与生产性能和生产收入的设定目标进行比对。根据记录监控生产，利用计算机中预测功能，为猪场场长提供能使其做出正确决定的重要信息。一个优秀的猪场场长每周需要花 2 小时时间来解读这些数据，每周打印 1 份，做成目标图，用于激励员工。

（四）具有较强的合作精神

所谓合作，就是要团结协作。"合"的含义是融合、包涵、宽容、和谐，"作"即干事、作为。场长要有很强的合作意识，还要善于培养和建设执行力强的团队，个人英雄非好汉，团队协作力无穷。唯有善于合作，团结同志，带动一般人互动互作，才能实现 1+1＞2 的效能。重视沟通、善于沟通是组织、管理能力的一个重要方面，也是合作精神的体现。

沟通是指场长善于人与人之间联络和交流，包括场长与场长之间、场与周边村镇、与部门之间、与上下级之间的相互联络交流、互通信息，加强关系等，以达到认识上的统一、思想上的一致和行动上的配合。沟通还能起到协调、平衡关系的作用。与员工的沟通交流，也是思想工作的有效途径，能与员工之间加深相互理解，促进相互信任，增进相互感情，并能及时发现员工的思想问题、意见和需求，以便及时帮助解决。沟通方式，包括开会演说、座谈讨论、网络交流、逐个交谈。沟通要虚心、真心、诚心，既要充分表明自己的观点，又要让别人充分发表自己的意见。沟通要注意技巧，不仅能够更好地达到沟通目的和效果，而且能给人以美的感觉和享受。通过经常不断的横向和纵向沟通搭建心灵的桥梁，营造和谐的工作氛围，建立顺畅的工作通道，与领导、同事和下属达成对目标任务的共识，团结员工、稳定团队，才能够将科学的管理理念落实到生产中去，从而有效地推进工作。

（五）具备较强的凝聚力

三流的企业"以人管人"，二流的企业"以制度管人"，一流的企业"以文化管人"。猪场企业文化是一个猪场核心价值的体现，是凝集员工的精神力量。文化是一种力量、一种情怀、一种影响、一种温暖。

场长应该是猪场企业文化的宣传者、组织学习者和实践者，培训、引导、鼓舞、塑造员工，将猪场发展目标和员工的个人成长结合起来，开导和教育员工接受新理念、新技术，帮助其提高工作能力和职业素养，促进猪场管理水平的提升。让员工从猪场文化中学到东西，在精神和情感上达到共鸣。有效的文化管理就是人本管理，管理者要尊重员工、善待员工、信任员工。运用良好的激励机制，引导、鼓励员工奋发有为、积极创造，充分体现自己的人生价值。让员工在关心自身利益的同时也关注猪场的利益和命运，实现共同发展、互利双赢。

（六）履行职责不苟且

场长应当明确自己的角色定位，知道应该做什么，不应该做什么，始终要围绕猪场的总体目标踏实地、创造性地开展工作。要敢于担责，不可遇事推诿，遇到困难绕道走。在其位，尽其心，倾其力，谋其事，负其责，求其效。简言之，即工作勤奋，干事踏实，作风扎实，执行力强，履责到位。

（七）执行规章制度不含糊

管理是场长的首要职能，懂得规模猪场的正规管理是搞好猪场的前提。管理包括：经营管理、技术管理、健康管理、信息化管理等。管理的重点是人员的有效管理和执行力，场长应尽心竭力，培养一支责任心强、工作认真、技术过硬、思想稳定的员工队伍，这是养猪成功的保证。猪场场长要能够按照猪场的工作需要，制定并严格执行各项规章制度，实行规范化管理、流程化操作，使生产井然有序。

猪场最基本的规章、制度包括：生猪免疫程序、猪场卫生消毒制度、猪群保健制度、车间（配怀、产房、保育、生长、育肥）操作规范、猪配种（人工授精）操作规范、兽药安全使用及休药期制度、生猪检验检疫制度、病死猪无害化处理制度、疫情报告制度、饲料安全使用及保管制度、人力资源管理制度（包括招聘管理、薪酬管理等）、门卫管理制度、生猪产品销售管理制度、不合格品处理制度、顾客投诉管理制度、安全生产管理制度、资产及设备管理制度、财务管理制度、物料采购管理制度、信息（数据）管理制度等。各类规章制度出台后，场长要组织学习培训，带头执行，并指导、督促员工执行，定期或不定期地检查执行状况和效果。推行制度要坚定不移，执行制度要毫不含糊。

（八）场长要有善于谋划的能力

何谓谋划？"谋"是动脑筋思考，"划"是规划、计划。凡事预则立、不预则废。场长要善于计划，猪场管理也就是计划管理。场长要擅长目标计划管理，工作中做到有计划、有检查、有落实、有结果，尤其是重大事项如生产、防疫、销售、财务、技术等方面必须实行计划管理加考核的办法。这就要求场长在猪场管理中重视目标导向，做到长计划、短安排，将年度目标分解为季度目标、月目标，在工作安排上甚至要制定出周计划。

（九）有较强的法制纪律观念

猪场场长要有政治眼光、法律意识、纪律观念，要依法经营。树立生态环保意识、产品安全意识、健康养殖意识和科学可持续发展观，尽全力生产销售安全产品，肩负起必要的社会责任。在猪场内部要做到个人服从组织，下级服从上级，实行先民主、后集中的民主集中制。对于集体研究决定的事项必须统一执行，不允许在会后发表自由言论、持反对意见。任何时候都要高度保守猪场机密，如有泄密行为，要视同违纪做出严肃处理。

二、猪场场长的培养

丹麦是举世公认的养猪王国，其猪业产值占农业总产值的33%以上。丹麦养猪生产水平世界一流，除了良好的社会支持服务保障体系及成熟完整的产业链之外，丹麦农场经理的教育培养也功不可没。在丹麦，农场经理是一个多面手，不仅十分熟悉牧场的每个生产环节和关键控制点，每天参与牧场的生产劳动，而且对土地耕作的安排也有条不紊。每天、每周、每月及每年的工作安排，农场主都能做到心中有数。对农场的各种机械设备包括计算机都能进行熟练的操作。周末及节假日安排员工轮岗，每个员工都能独立完成场内所有的工作。

丹麦的农场经理教育是一项系统工程，要成为一名合格的农场经理，需要经过 3 个阶段，即基础教育阶段、职业技术教育阶段和农场经理教育阶段。学员在进入基础教育阶段前都已接受了为期 9 年的教育，有足够的理解和认知能力。

第一阶段历时 19 个月，前 2 个月学校培训，主要学习农场劳动的必备技能，包括劳动工具的正确使用、驾驶技术、农场安全生产知识、劳动保护等。要求每个学生都考核过关才能到农场参加劳动；接下来的 1 年时间是农场的生产实践，在农场主的带领下积极参与农场的各项生产劳动；完成 1 年的实习后回到学校再接受为期 5 个月的理论学习，内容包括种植、养殖、农业机械、农业经济、农业生态保护等。

第二阶段历时 23 个月，包括 17 个月的农场劳动实践和 6 个月的理论学习。

第三阶段即农场经理教育阶段，是在第一和第二阶段基础上，再进行为期 6 个月的理论学习，通过考核才能成为持绿色证书的农场经理。在丹麦，只有持有绿色证书的农场经理才允许经营超过 35 公顷土地的农场，才能够从政府获得许多优惠政策。从 2007 年起，在前面 3 个阶段的教育基础上又新增了第四阶段为期 3 个月的商务经理和为期 22 个月的农业经济师的教育。

我国现阶段怎样才能培养出像丹麦农场经理那样的猪场场长？养猪场长的培养离不开扎实而系统的专业基础教育；离不开良好的社会环境，要让从业者真正感觉到养猪是大有潜力的事业；也离不开企业的责任，企业要积极为猪场场长发挥专业特长、扎根养猪事业创造有利条件，包括提供好的工作环境、创造和谐的工作氛围和制定合理的分配制度，帮他们解决后顾之忧。当然，最重要的是自身的努力，时刻想着如何把自己培养成猪场的职业场长并为此而不懈努力。

对照丹麦农场经理的培训，可以试着从以下几方面着手。

（一）注重扎实的专业功底和全面系统的猪场管理知识的培训

猪场场长不仅要熟悉养猪场的繁殖、兽医、营养、饲养管理等环节关键控制点，能驾驭猪场的每一个细节，还要熟悉相关的法律、法规和生猪及饲料市场变化情况。

（二）养成制订计划的良好习惯

计划是一切工作的开始，尤其是对猪场这样周期性很强的工作，有了计划，工作就有了明确的目标和具体的步骤。猪场如何制订计划？计划必须与生产规模、硬件设施、疫病防控、生产管理、季节气候变化、销售以及生猪市场及饲料市场等元素有机结合。计划类型按时间分为猪场发展长远规划（2～5年甚至更长）、短期计划（1年以内的计划，有达成目标的方法、措施，包括年度计划、季度计划、月计划、周计划）等。计划内容包括财务计划（饲料、兽药、引种、工资、水电、折旧、维修、管理费用、财务费用等）、人事计划（管理人员、技术人员、饲养员、工勤人员、员工培训等）、生产计划（引种淘汰、防疫免疫、消毒、饲料采购与加工、猪只断奶转群配种等）、销售计划（种猪销售、仔猪、肉猪销售、淘汰猪销售等）、设备维护保养计划等。

（三）培养成为制度的制定、执行者和问题的发现、纠偏者

场长要根据猪场实际生产需要制定制度。比如，系统记录对一个猪场来说相当重要。生产中很多人都会把一些数据、现象记录在卡片上，但是不是应该更细化呢？是不是设计相应的表格进行记录呢？记录是否全面呢？某猪场规章制度中有一条"严格

执行生产记录"，但就在这个猪场，出现了大量的阴囊疝，可惜的是他只记了配种日期，而没有记录与配公猪的耳号，但如果作为一个问题马上进行纠偏，几个月后通过记录很容易找到问题的关键所在。猪场各类常用及不常用记录表格涵盖了繁殖、兽医、饲料、销售、设备维护、员工信息等各方面，记录不仅有助于管理好猪场，而且有助于追溯，通过对记录的分析也可以发现并解决问题。对记录的基本要求是翔实、系统、正确、及时。日常管理中，制定制度不难，难在制定有具体针对性和可操作性强的规章制度，不怕出现问题，最主要的是我们要及时发现问题并解决它。

（四）培养成为猪场的人力资源经理和培训师

目前，猪场员工文化程度相对较低，尤其是饲养员，猪场场长应注意管理方式方法，重视对员工的培养和教育，编制员工岗位培训手册，尤其要重视安全生产教育且要常抓不懈。内容包括安全生产常识、各种机械（如消毒机械、饲料机械）安全使用、药物的安全使用、劳动工具的正确使用、种公母猪的安全饲养和使用等，同时要做好安全巡查并做好相关记录，发现问题立即处理并做好处理记录。制定合理的员工绩效考核方案，员工收入可实行有奖有罚、联产计酬的分配办法，同具体的生产任务、技术指标挂钩，多劳多得，少劳少得，不劳不得，提高每个员工的工作积极性。

（五）交流沟通技巧培训

作为场长要做好场内方方面面的工作，交流是必需的，不管是在场内与员工的沟通交流，还是对外与原料供应商、当地职能部门、社团组织等都要进行必要的沟通。所以，作为职业场长平时都要有针对性地训练和提高自己的沟通协调能力。

（六）注重信息的收集、分析和处理

充分利用现代通讯技术和互联网，获取相关的信息。对于新技术、新产品要敢于尝试，当然也不能盲目尝试。要时刻注意生猪和饲料市场动态，了解不同生长阶段猪的价位，有时卖小猪获利较高，有时卖中猪获利较高，有时卖大猪获利较高，市场行情不断变化，若错过了最好的市场，就等于错过了最好的赚钱机会。另外，在原料的采购方面更应时刻关注市场，掌握市场动态。

（七）懂得猪场的经营管理

猪场赢利才是硬道理，实现猪场效益最大化是我们的管理目标，管理水平和生产水平的高低，成本管理是否得当，最终都通过效益来体现。世界粮农组织对畜牧生产各项科技评估认为，在影响畜牧业高效优质和安全生产的众多因素中，遗传育种作用最大，达40%，营养20%，疾病防治15%，繁殖与行为10%，环境与设备10%，其他5%。如某生产母猪700头、年出栏生猪13 500头的猪场连续几年的财务报表分析，在所有生产成本构成中，饲料占75.6%，兽药占6.7%，工资占5.4%，水电、租赁、折旧、维修、保险、检疫等占12.3%。

我们国家正在全面深化改革，教育部、发改委、财政部于2015年11月16日印发《关于引导部分地方普通本科高校向应用型转变的指导意见》，根据三部委的意见，部分地方农业性质的大专院校，可以向培养应用型技术管理人才发展，可以承担培养农业职业场长的任务，以适应新时期、新常态下对人才的需求。省（市）畜牧部门、行业协会也应该把培养农业职业场长纳入规划，提到日程。

三、猪场管理方略

（一）人员管理方略

规模猪场要将人的管理放到首位，做好团队建设，使团队具有凝聚力和执行力。中小规模猪场在人员工资、物价成本及流动资金等方面的市场竞争力远低于大规模猪场。所以，更需要把人的管理放在首位。

1. 中小型猪场工作人员组成特点　猪场人员分3类：

第一类：以挣钱为目的，大多来自猪场周边的居民，其优点是稳定性强，对工作不挑剔，肯出力。缺点是非本专业毕业，想法不多，对新知识接受能力差，容易抱怨。

第二类：以学技术为目的，家里有自己的猪场或准备建猪场，来学习技术。他们比较富裕，对钱的观念不是很强。他们的优点是学习需求较大，对待遇看得不是很重。缺点是不稳定，流动性较大，不能扎根，对工作岗位很挑剔。

第三类：以自身的发展为目的，这类人大多为专业学校毕业，希望在猪场有一个好的发展、在这个行业有所建树，这也是猪场最需要的人才，这类人的多少也就决定了猪场的发展，他们集合了前两类人的优点，而且具有一定的创新能力，能为猪场发展提出合理的建议。缺点是看不到希望就会跳槽。

场长应根据这三类人的需求，了解每一个员工的想法、内心需求，通过管理、生产制度让他们最大化发挥自己的优点，那么猪场的每一个员工都是优秀的。

2. 合理用人、科学管理　根据生产需要设置岗位，明确各岗位的职责，结合员工的特长合理用工；制定切实可行、具有科学性的员工管理方案，督促员工按照行为规范和操作规范开展生产作业，引导员工关注绩效；对员工绩效做公平公正的考核，分段考核与年度累计考核相结合，在一定范围内实行承包制，避免大锅饭是绩效考核最通俗的解释；充分运用激励机制，能者多劳，多干多得，以结果为导向，拿成绩说话，在一定范围内统一目标，让每一个人都清楚，自己怎样做才能拿到高薪。对绩效达标和超标的员工给予适当奖励，当然有奖就要有罚，只奖不罚只能增加员工的惰性，适当的处罚是对员工的一种督促，是让员工成长不可缺少的因素。奖要奖的心动，罚要罚的心痛，拉开好与坏的差距，形成对比。树立优秀的标杆，发挥其积极性和创造性，促进绩效进一步提升。

没有不优秀的员工，如果你认为他不优秀，证明你还没有发现他优秀的一面，还没有把他放在合适的位置上。场长应该全面了解员工的性格、爱好、特长等，把合适的人放在合适的位置上，让其充分发挥他的优点，组建成一个互补的团队。因为这个世界上没有完美的个人，只有完美的团队，团队的完美才能体现出个人的优秀。

3. 培训员工、提升素质　现代化的猪场生产是规模化、集约化的生产，是一项系统工程，而且在猪场的实际运作中，涉及的学科范围更广。尤其是养猪市场风险、疾病风险加大，利润微薄，加之现代知识更新又很快。所以，畜牧从业人员必须经过各种不同类型的学习和培训，如会议、学习班、技术交流、专题讲座、实践操作、现场指导等，以适应不断发展、不断更新的需要。猪场领导层的培训学习更为重要，要做到"众高一尺，道高一丈"，只有这样，才能管理好下属，管理好猪场。

规模猪场员工培训是人力资源管理职能机构的战术作为，按计划安排培训员工，提高他们的劳动技能，以胜任现有职务，具备足以实现目标任务的能力。培训方法可以采取参观、授课、在线学习、讨论、实习、考试等多种形式，灵活安排进行。培训内容包括基本能力培训和专业科技知识培训。基本能力培训由人才资源管理职能机构组织实施，培训的主要内容是训练、提高员工的观察、分析、表达、管理及创新能力等。专业科技知识培训应该由各相关专业职能机构和人力资源管理职能机构共同组织实施，培训的主要内容有管理、财会、供销、疫病预防控制、安全生产、产品质量与成本控制等科技知识，以提高在职员工的科技素质。在员工考核和培训基础上，挑选一些优秀（或关键）的、有潜力的员工，按计划定向、适当地进行教育、训练、培养，不断加强他们承担各种任务的能力，为猪场经营战略培养、储备人才，以便在需要的时候，能够保证人员在组织层次上、数量上和素质上的供给，保持人力资源竞争优势。员工培养使优秀（或关键）员工的职业生涯也得到合理规划，明确个人的努力和发展方向。

场长在猪场内既是领导也是老师，同时又是教练，要经常组织员工进行学习培训。学习培训的主要内容为企业文化和养猪技能，引导员工认同企业的核心价值观，培养员工爱岗敬业、勤奋务实、勇于创造、团结协作的精神；向员工传授业务技能，帮助员工提升素质、增长才干，让员工不断的成长。成长来自不断的学习，学习依靠的是各种各样的培训及员工自身对知识的探索，只有学习型人才才是最优秀的人才。

场长在统筹全场工作的同时，一定要把生产技术的培训放在第一位。时常开展生产技术培训，定期组织大家一起学习，让有结果的人分享工作经验，定期考核生产知识，设立一定的奖项，鼓励大家学习，督促大家成长，做到日日有进步、周周有总结、月月有成长。

阿里巴巴马云曾经说过：优秀的员工自己培养。有的企业家认为，"给员工最好的福利就是培训"。通过大量的培训，可代替控制式的管理，让员工知道不仅按要求去做，还要知道为什么按要求去做，进而实现自我控制、自我管理。因此，提高员工的素质就是提高整个猪场的层次，对员工的培训特别是管理团队成员的培训，是猪场管理的重要内容及基础工作，也是人性化管理的重要体现，同时也是赢得员工忠诚的重要手段。猪场可以通过组织管理团队和技术人员参加一些技术研讨会，支持参加执业兽医师考试，定期开展猪场内部技术交流，有选择性的和外面一些做得好的猪场交流，向他们学习一些成熟的管理和技术经验等，以便增强整个团队的素质和技术提升，提高养猪水平。

4. 以人为本，快乐养猪 场长一定要努力营造一块适合员工生存的沃土，有发展、有未来的空间。在猪场这个特殊环境中，有很多人对自己的职业方向都很模糊，场长一定要根据每一个员工的自身情况，引导员工制定出自己的人生规划，并根据公司的发展方向，给每一个员工一个长远的定位，提供一个适合的发展环境。帮助员工制定出自己的半年目标、一年目标、三年目标等。让每个员工都清楚地知道自己的职业方向及人生目标；让每一个员工都明白自己的职业方向与公司的发展方向是一致的；让每一个员工都知道这个平台上有他发展的空间。要有一套完善的晋升机制，让员工都清楚自己怎样做才能成为车间主任、场长及部门经理。场长根据员工的人生规划，把长远的目标分成若干小目标，协助他完成，助他成长，让员工能够看到自己的进步、看到希望。

猪场是一个比较特殊的环境，封闭、不自由、环境差，如果再没有网络，基本上就是与世隔绝。这对于一些年轻人来说是一件非常可怕的事情，所以有很多人称猪场为"第二监狱"。作为场长一定要想办法把这个"第二监狱"改变成一个充满欢声笑语的环境，让每个员工都怀着愉悦的心情生活和工作。因为快乐是人们内心的向往，是人们对生活最基本的追求。在和谐快乐的环境下势必能提高工作效率。积极快乐的心态，能够充分发挥人的潜能，能使员工干劲十足，会主动、自觉而积极地完成各项工作任务，发挥出最大的工作效率；相反，消极和郁闷的心态会排斥这些东西，降低工作效率。只有快乐才能使员工充满激情；只有快乐才能使员工对生活充满希望；只有快乐才能使员工更加相信这个企业。拥有积极快乐心态的员工才是最优秀的员工。还是那句话，大的环境无法改变，小的环境一定要努力创造。不定期的篮球比赛、台球比赛，偶尔的 K 歌狂欢，一些小游戏、小活动，总能使我们的生活充满欢声笑语。

以人为本，人人都会说，但往往做起来很难。场长管理中会遇到很多事情，要处处为员工着想，把员工的利益放在第一位，但也不是什么事情都任由他们的想法。这就要求场长要把握好这个度，在无碍猪场利益的前提下，尽量为员工着想。使得每个人都心悦诚服地为猪场努力，让员工每天都心情愉快地去上班，一同快乐养猪。

5. 纪律约束、制度管人　猪场要重视制度建设与执行，要有严明的劳动纪律、严格的管理制度、科学的操作规范等指导性加约束性的管理规程，营造"制度管人、对事不对人、制度面前人人平等"的工作氛围。有了制度以后则重在执行，不要让制度成为一纸空文。这要靠场长用引导、检查、督促、鼓励、惩罚多法并用的手段来达成目的。

海尔集团提出的"斜坡球体理论"对于猪场管理很受用，说的是斜坡上放着一个小球，小球看做是一个企业，要想让小球不滑落下来，需要一个止动力，这个止动力就是基础管理，在猪场就是借助制度、规定形成一个循环、持续有效的日常管理格局。但只有一个止动力还不行，还需要小球不断往上、向前进，这就需要创新或激励了。人的行为分为两种：自发的与被动的（例如竞争、制度、规定等），激励就是激发人的主观能动性，让他自发地努力后达到目标，这种自发性的行为所产生的力量和效果要远远优于被动性行为，企业可能付出一点代价，但它产生的效果或许会以十倍的回报相还。激励分为两种方式：一种是物质激励，另外一种是精神激励，在实际运用当中要两者结合。有时候，有威信的场长赞扬某一职工的话会让职工铭记一生、感动不已，所以平时当某一职工干得出色或发现某一优点、闪光点时，要及时给予肯定和赞扬，要记住赞扬是最廉价的激励剂，但效果的好坏取决于场长在职工当中的威信程度。

6. 及时疏导、化解不利情绪　当职工利益受损、工作不顺心或受到委屈等情况造成闷闷不乐或心情不畅时，要及时进行疏导、谈心，解除职工的心里疙瘩，以免不良情绪影响职工积极性或出现个别职工拿猪撒气等不利于猪场利益的偏激行为。要知道只有思想稳定的人，才能干出出色的生产成绩。要时刻把握猪场的人心和态势，及时消除不利于猪场利益的潜势（不良势头），使之按照自己的意志朝有利的方向发展。

7. 全员参与和过程控制　大部分规模化猪场都实行的分阶段喂养，前一阶段的不足会影响到后一阶段的质量，每一个职工都是猪场生产链上重要的一环，所以猪场的总体生产目标要分解到每一个人，各自完成自己的生产任务；同时，场长要创造一种人尽其能的氛围，明确各个岗位的职责，努力降低人力资源内耗，抓好每一阶段过程控制，尽可能地调动每一个员工的积极性，这样才能够实现猪场总体生产目标。

（二）企业文化和团队建设方略

1. 企业文化的建设　企业文化是企业对外宣传和对内员工培训的首要内容。场长应该是企业文化的建设者、倡导者、宣传者及组织学习者。通过企业文化的培训，将猪场的中长期发展目标和员工个人技术及能力培养结合起来，这样才能团结员工，稳定团队。

每个成功的企业都有自己特有的企业文化，员工如果没有这种精神文化的支柱，生活就会失去动力。企业文化是企业合力的纽带，也是企业核心竞争力的源泉，是企业经营理念、价值观的综合体现。猪场企业文化，包括企业精神、行为规范、经营理念、猪场标准化管理等许多方面。猪场企业文化体现在办公环境、生产环境、生活环境、职工行为、标语口号等方方面面，而猪场企业精神是猪场企业文化的灵魂。因此，每个养猪场在建场之初就要首先确立自己的企业精神，如"源于自然、激情创业、构建和谐、快乐养猪"等。同时，要制定严格的规章制度、操作规范、工作职责等管理制度，并利用文件、板报、专题会、班前班后会长期宣传弘扬，使养猪场的优秀企业文化真正能够渗入到职工的头脑中去。随着猪场的发展，猪场的企业精神要得到不断的升华，管理水平得到不断提高，办公、生产及生活条件得到不断的改善，最终形成一个充满凝聚力、向心力、独树一帜、富有特色的优秀企业文化。

2.团队的建设　猪场是一个团队，所有的工作都需要发挥团队的力量才会尽善尽美。场长必须有一种领导魅力，领导团队，发挥团队的协同作用。本着"以人为本"的信念去管理，充分发挥团队合作，才能让工作变得完美，才利于猪场全面工作的顺利开展。

中小猪场一个很大的缺陷就是管理混乱，劳动力的分配相对不均。例如，一个150头母猪规模的猪场，育肥猪饲养员往往抱怨劳动强度比产房人员大，收入却比他们少；产房饲养员也会抱怨，虽然猪少，但同样耗时，月收入要比其他大猪场少很多，这样极不利于团队的团结。一个好的场长要善于培养自己的团队，好的生产成绩绝不是一个环节的功劳，而是整个团队负责的整个生产线及其后勤保障的整体功劳。

（1）猪场管理团队的构成　一般来说，中小猪场的管理团队主要由以下人员构成：场长，生产场长，生产主管或组长（包括饲料厂、产房、保育和生长育肥舍），以及销售主管，技术员（包括育种技术人员、配种员和兽医等），饲养员等。猪场的各项管理制度和技术，主要靠这些人员去负责执行实施，从某种程度上来说，这些人员就是猪场顺利运转的支柱。

（2）如何组建猪场管理团队

①外部招聘　可以通过在专业媒体发布招聘公告、朋友介绍等方式进行。对于养猪行业来说，同行、熟人或内部员工的推荐是招聘人才非常重要的途径之一。通过这种途径招聘人才，一定程度上对人才能有一定的了解，用起来也比较靠得住。但无论通过何种形式寻得人才，都需要对其进行一段时间的培训，让他在思想上、在脑海里、在潜意识里与猪场的管理规章制度和企业文化融为一体。

②内部选拔　在现实工作中，许多企业宁可把时间和金钱浪费到外边，也不愿意把目光投向自己企业的范围之内选拔优秀管理人才。但事实上，每个企业内部都有大量被大材小用或未受重用的人才。由于猪场所需要的人才大多数是实用型人才，管理者对内部人员的情况比较清楚，比如可以通过平时的会议和培训，物色一些做事认真细致而且有想法的员工，多给予一些鼓励和指导，让他感觉到领导已经对他的关注和认可，从而为猪场的壮大预留后备人才。从内部选拔晋升的人才对猪场的情况比较了解，执行力和忠诚程度相对较高；而且更重要的是，有提拔晋升的机会使内部员工觉得更有奔头和希望，工作的积极性会更高。所以随着猪场的扩大或是建设分场，需要大量的技术人员，内部选拔晋升是快速而有效的途径之一。

（3）团队的管理

①提高员工素质　只有员工的素质提高了，才会使团队的实力、应变能力及机动性增强，提高工作质量。这就要求场长可以将自己的技术传授给员工，经常性地做一些技术培训以增强员

工的业务素质。

②提高员工执行力 再好的制度也要人来完成，操作规程、规章制度再好若没有人去执行或执行不到位，那都等于是一张废纸。故提高员工的执行力，让工作顺利进行是团队管理中重要的环节。

③科学的奖惩、激励制度 人的性格具有能动性也有惰性，想发挥每个人的最大能动性，适当而科学的奖励制度是最好的办法，但过度的激励有时会适得其反。激励与惩罚是相辅相成的，对于个人的过失要给予机会去弥补，而对于先进的个人要给予奖励。如此，才会使员工的能力得到充分的发挥。

④团队的凝聚力、稳定的人心 沙子没有水泥的注入只能成为一堆沙包，风吹散之。而有了水泥注入后便可筑起摩天大厦。没有凝聚力的团队就是一盘散沙。由于规模猪场人员众多、流动性大，这就要求场长要时常与员工沟通，解决他们思想上的困难，以稳定人心，留住更多优秀的人才，使团队的凝聚力加强，营造快乐的工作氛围。

（三）目标引导计划管理方略

猪场场长要重视目标计划管理，以目标导向行动，做好过程控制，全面系统地推进各项管理工作。目标管理是由猪场场长提出猪场在一定时期的总目标，然后由猪场内各部门和员工根据总目标确定各自的分目标，并在获得适当资源配置的前提下积极主动为各自的分目标而奋斗。计划是在实际行动之前预先对应当追求的目标和应采取的行动方案做出选择和具体安排，是管理的首要职能。制定正确的目标和计划是每个员工和管理者必备的技能。

1. 主要目标

（1）利润目标 一般以净利润作为生产经营目标，即总销售额收入减去总成本的结果。

（2）**产量目标**　包括年繁殖多少头猪、育成多少头猪、总增重多少千克、出栏多少头猪等指标。

（3）**成本目标**　即各项成本的控制目标，每头出栏生猪需要消耗多少饲料费、兽药费、材料费、水电费、人工费等，尽可能控制单位成本在合理的水平。

2. 主要计划

（1）**远景计划**　又称生产规划，是指3～5年或者更长时间猪场发展的纲要和安排年度生产计划的依据。一般只规定大体发展方向和总的奋斗目标，主要内容包括：经营方针和任务，生产建设的发展规模、速度及相互间的比例，自然资源的综合利用，提高产品数量、质量的措施，工副业生产的发展，生产过程中现代化的步骤，职工人数指标，改善职工福利等。

（2）**年度生产计划**　年度生产计划主要是确定全年养猪生产任务（规定猪场计划年内猪群应达到的总头数和其中的基础母猪头数，全年内生产和培育仔猪头数和总增重，育肥猪头数和总增重以及饲料消耗数量和料重比等）以及完成这些任务的组织措施和技术措施，并规定物质消耗和资金使用限额，以便合理安排全年生产活动，这是计划管理的主要环节，也是远景计划的具体化。

（3）**配种分娩计划**　本计划是阐明计划年度内猪场所有繁育母猪每月配种头数、分娩窝数和产仔数。应当依据本场栏舍结构面积、工艺流程、母猪饲养规模来制定配种分娩计划。将全年繁殖计划分解到每一月、每一周。应能保证充分合理利用全部种公猪、种母猪，提高产仔数和育成率；应充分合理利用饲料、劳力、猪舍和设备等；应考虑有利于提高产品率，符合社会上对产品需求的习惯，合理分配一年中生猪出栏时间，保障生猪市场供应。

（4）**转群计划**　按照工艺流程的流向和生产规模来制定猪群周转计划，主要是确定各类猪群的头数、猪群的增减变化及年终保存合理的猪群结构，是计算产品产量的依据之一，是制订计划的基础；同时，它决定猪群再生产状况，直接反映年终猪群结构状况及猪群扩大再生产任务完成的状况。猪群周转计划也是制定饲料需求计划与劳动力需求计划等的依据。编制猪群周转计划必须掌握下列各种猪群的原始资料：①计划年初各种性别、年龄实有猪数量；②计划年末各个猪群按计划任务要求达到的猪只数量；③母猪的配种分娩计划、计划年内各月份生产的仔猪数量；④出售和购入猪的数量；⑤计划年内种猪淘汰的数量和方法；⑥由一个猪群组转入另一个猪群组的数量。

　　猪群周转计划实际上就是在一定时期内各个猪群及整个养猪场的猪只收支计划。无论是一条龙生产，还是两点式生产或多点式生产都要制定转群计划。转群计划安排妥当则生产节律、节点正常，流程顺畅，否则生产秩序紊乱、效率低下。现代养猪生产一般以周为单位安排转群。

　　（5）销售计划　根据猪的生长规律及生物学特性及时安排出栏销售，也要结合市场行情追求较好的售价。有年度计划和月份计划之分。

　　（6）采购计划　主要包括饲料、兽药、疫苗、材料等生产资料的采购计划。制定该计划的原则是：质量优选、价格合理、供应及时、不积存、不短缺、不浪费。特殊情况或非常时期例外。

　　（7）资金计划　每月需要多少流动资金，进、出都要做计划，防止资金链断裂。从长远看还包括投资融资计划。

　　（8）免疫保健计划　对猪场进行免疫接种是预防某些传染病发生和流行的有效措施。特别是集约化养殖企业和饲养规模较大的养殖户，一定要根据情况制定合适的免疫程序，平时有计划地给健康猪进行免疫接种，按照科学的免疫程序制定每月、每周的免疫计划。

　　（9）引种计划　计划内容可包括目标场背景、种猪市场形势、引种批次、品种、数量、时间、资金和费用预算（种猪、运输、差旅、手续费等）、引入种猪的隔离场所、保健措施等，落实责任人和相关环节的工作衔接。对于新建猪场，建议根据生产规模确定引种计划，特别是引种数量和引种时间。对于引种只为补栏的猪场，建议按照淘汰更新情况确定引种的时间和数量，一般商品场生产母猪的淘汰率在25%～30%，生产公猪的淘汰率在30%～40%。以万头猪场为例，一年更新160头左右生产母猪，则引入后备母猪在190头左右，后备公猪12头，分3批（3月份、7月份和11月份），每批68头。确定引种时间时应避开猪价高峰期、疫病高发期和高温季节，同时要考虑高温和寒冷对种猪生产性能的影响。对于扩建猪场，引种可以结合新建和正常生产两个方面确定引种头数。

（四）猪场生产技术管理方略

1. 生物安全体系管理　生物安全管理体系是指将病原微生物杀灭在生物体外，切断其传播途径，为防止病原微生物进入养猪场、阻断病原微生物在养猪场内传播扩散、防止场内病原微生物向场外传播扩散，提高动物整体健康水平而采取的一系列疫病综合防制措施。它是一项复杂的系统工程，囊括了从生产到销售，从人、动物到设施设备、器具、环境，从选址、布局到消毒隔离，从场内到场外等各个环节。

生物安全管理体系是建立生物安全隔离区的核心内容，是评价生物安全隔离区建设是否合格的重要依据。科学合理的生猪生产生物安全管理体系应包括：猪场选址与设计，场区布局，消毒设施设备，场区道路，猪场排水，妊娠、产房、保育、育肥各生产环节饲养管理，病死猪无害化处理，污染物、废弃物、排泄物及污水等的无害化处理，可追溯体系的建立，引种、销售、场内转群等动物移动的控制，外来人员与场内工作人员流动控制，饲料及饲料添加剂、兽药、饮水等投入品的规定，生产设备、器具及运输工具管理，生猪屠宰场的生物安全管理。制定详细的生物安全管理规定，涉及生猪生产的每一个环节的管理。从硬件设施到软件的控制，从人员、猪群、物品到环境的全方位管理以及无害化处理的生物安全管理，从动物防疫角度控制疫病发生，保证产品质量安全。

建立完善的生猪生产生物安全管理体系的核心就是把握场区及周边环境，饲养管理，动物移动，人员流动，投入品、设备、器具及运输工具，生猪排泄物，病死猪尸体及其产品无害化处理 8 个关键节点。

2. 生产线管理 猪场生产线由种公猪、母猪（后备母猪、妊娠母猪、哺乳母猪、空怀母猪和断奶母猪）、哺乳仔猪、保育猪和育肥猪组成。其中，母猪群是猪场的核心，要特别关注。关键环节有：①配种计划和断奶计划；②淘汰计划和后备选留计划；③母、仔猪的接产和护理；④母猪各阶段的日饲喂量；⑤完善的种猪记录档案；⑥免疫与驱虫计划。

猪场生产线的每个环节都是关键。要重视各阶段的饲养管理、防疫，关注死亡率或料肉比等，发现问题及时解决。

3. 环境控制管理 改善环境、清洁生产，营造良好的环境对于规模化、高密度养猪至关重要。合理使用性能良好的栏舍结构和设备设施，有效的通风、降温、保温措施，保持猪舍内适宜的温度、湿度，空气新鲜。饲养密度适中，合理调群，及时出栏。猪场周边植树绿化，清洁卫生，粪污、废弃物、病死猪的无害化处理。

4. 猪场精细化管理 猪场精细化管理是基于科学性管理才能实现的。猪场细节的管理尤为重要，一个看起来不起眼的细节往往会影响猪场全年的利润。细节决定成本，而成本是企业发展的基石。万头猪场，每月产仔 1 000 头，若每头浪费 0.5 千克饲料，每月就是 500 千克，每年就是 6 吨，折合成货币，相当于一个饲养员全年的工资。所以，细节是我们不可忽视的因素，也是场长管理中必须抓住的关键。

管理流程落实到位，要全面执行标准化、制度化的操作规范。关键点要控制好，如公猪的精液质量管理、母猪的配种工作及围产期管理、初生仔猪的管理、盛夏高温季节和严冬寒冷季节的管理，一定要把握好这些关键时期和关键节点，这些环节的精细化管理尤为重要，切不可疏忽大意。

厉行节约，惜物如金，降本增效。不要忽略小的浪费，细流积聚成江河。养猪人要注意不浪费每一颗饲料、每一滴饮水、每一寸铁丝、每一支兽药、每一度电，一分一厘地节省成本，达到降低物耗、增加效益的目的。

5. 信息化、数据化管理 在信息时代，有条件、有理由做好猪场信息化管理工作，实现数据管理的系统化、规范化，保证数据的及时性、准确性、有效性。但在数据收集前，必须完善猪群的档案，记录好猪群的基本信息。每周收集各阶段猪只免疫情况表、发情鉴定信息、采精明细、配种信息、妊娠检查记录、分娩信息、断奶信息、转群信息、销售统计、猪只淘汰报告、死亡记录、饲料消耗记录、兽药疫苗的消耗数量等，上述数据收集要及时、准确，需要有耐心、有责任心的工作人员将数据输入计算机管理软件，并且数据的收集和录入要每天都进行，不能间断。通过将数据录入信息管理系统来进行分析，就可以明了生产正常与否，及时发现问题所在，采取纠正和预防措施。

猪场生产数据的数字化、电算化管理，能够对种猪的繁育情况进行及时监测，快速查询并深入分析和判断，从而达到提高母猪妊娠期、生产期、种公猪配种期、仔猪出生、断奶时期的信息化管理水平的目的，可为今后提升畜牧业的信息化程度、提高种猪养殖的生产水平和最大限度提高企业的经济效益提供依据。

第二章

猪场员工的管理

一、制定科学的猪场管理规章制度

规章制度是用来约束人行为的准则。规章制度的主要功能有：规范管理，能使企业经营有序，增强企业的竞争力；制定规则，能使员工行为合规，提高管理效率。

（一）中小猪场制定规章制度的必要性

规章制度是企业制定的组织劳动过程和进行劳动管理的规则和制度的总和，也称为内部劳动规则，是猪场内部的"法律"。规章制度对于规范养猪场员工的行为，树立猪场的形象，实现猪场的正常运营，促进猪场的长远发展具有重大的作用。

中小猪场要想正常运转，不仅需要企业管理者细心掌舵，而且还要有一整套正规化、行之有效的管理制度作为基本保障。国有国法，家有家规，体现的就是制度的重要性。规章制度应用于养猪场标准化管理，以规范员工的行为，规范猪场管理，维持猪场内部的秩序，能广泛调动猪场员工的工作积极性，顺利开展各项工作。公平是靠制度来体现的，效率也是靠制度来促进的，效益是靠制度来提高的。

规章制度本身是一种规范和约束，如果没有制度的约束力，那么猪场内部则自乱，导致管理者有操不完的心、生不完的气，到头来不得不耗费大量时间和精力去处理大量琐碎的事。如果把员工行为管理、人事管理、薪金福利、绩效管理、工作流程、安全管理等常态事务用制度的形式加以说明，再由各个部门负责落实，管理者自然可以腾出时间来考虑企业的发展大局。

中小规模猪场用正规化的制度进行管理，看似不讲情面，但对于维持整个团队的良性运转却能起到积极的作用。首先，要求员工做到的管理者必须先做到，管理者按制度办事没有商量，下属自然对制度有敬畏之心，不敢轻易越轨。用制度管人，就要给制度以最大的权威性，在制度面前人人平等，制度的约束可以让猪场的每个员工调整到最佳的工作状态，还能体现公平原则。

规章制度可使重复的流程简单化，节省猪场大量的资源、成本，规范化管理制度是管理思想、管理方法的集中体现，是猪场良性运转的最有效工具。因此，一个猪场必须有一套个性正规化的制度才能做到靠制度管人，有规可依。

完善的规章制度可以得到合作伙伴的信任，容易赢得商业机会。规章制度还有政策应对的作用。例如，发改委要求的项目基金的申报材料中，有一项就是公司政策及管理制度，必须有着非常完善的企业规章制度才可能申请到国家的项目基金支持。同理，许多项目竞标也都需企业提供本公司的规章制度，并将其作为考核企业是否合格的标准之一。

猪场的规章制度与操作规程是相辅相成的关系。规章制度可以转化为操作规程，操作规程也可以转化为规章制度。规章制度是告诉你什么能做，什么不能做；操作规程是告诉你怎样做，先做什么，后做什么。规章制度重于防范（防止员工犯错）；操作规程则重于培训（教育员工成长）。

（二）中小猪场制定规章制度的原则

规章制度作为猪场日常管理的一个"企业法规"，仅次于国家的相关法律、法规。一般来说，猪场规章制度的制定、修改需要遵循如下原则。

1. 合法性原则 合法性原则，是对猪场规章制度基本的要求。《中华人民共和国劳动合同法》规定，如果企业规章制度不合法，侵犯了员工利益，员工可以以此为由提出辞职，并向单位主张解除劳动合同的经济补偿金；同时，劳动和社会保障局对这种企业还要进行相应的处罚。

猪场规章制度有法律的补充作用。用人单位根据《中华人民共和国劳动法》规定，通过民主程序制定的规章制度，不违反国家法律、行政法规及政策规定，向劳动者公示的，可以作为人民法院审理劳动争议案件的依据。由于国家法律、法规对企业管理的有关事项一般缺乏十分详尽的规定，事实上用人单位依法制定的规章制度在劳动管理中可以起到类似于法律的效力。因而，用人单位合法的规章制度在此起到了补充法律规定的作用。

2. 民主制订程序原则 民主制订程序体现为要求养猪场规章制度通过职代会或者全体职工的讨论，做出汇总意见后，进一步通过工会或者职工代表的协商确定。因此，猪场在制定规章制度时，应主动征询员工的意见，尽量向所有员工公示，通过会议、电子邮件或者内部局域网的方式要求全体职工参与讨论。

制度制定是一个"自上而下"和"自下而上"的过程，各项制度制定都要经过全方位的论证，都要充分考虑和吸收各方面的建议和意见，以形成大家能共同接受、共同遵守的合理制度。编制制度时仅仅靠一个或几个人的冥思苦想是很难达到理想效果的，全员参与，多沟通、多论证是制度编制必须做好的一个环节。

3. **公示原则** 用人单位应当将直接涉及劳动者切身利益的规章制度、信息和各种事项、决定进行公示，或者告知劳动者。实践中，企业多采用以下几类公示方式：

（1）**入职公示** 猪场为新入职员工准备一些工作需要的资料或者劳动工具的同时，交付给员工规章制度（需要单独列明），要求员工签字确认，然后入档。这一种做法，既有充分的证据向员工进行了公示，同时也便于员工在入职之时就了解企业的规章制度，便于迅速了解企业的文化以及工作流程。

（2）**培训公示** 员工入职时，为员工进行规章制度的培训，培训主题及接受培训人员皆有登记，并要求每一名培训人员进行签到明示。

（3）**答卷公示** 猪场组织所有员工进行关于规章制度的开卷考试，每一名员工都需要对规章制度进行手写式的答卷，并签上自己的名字。

（4）**随合同公示** 企业在与员工签订正式的劳动合同时，随合同附送给该员工一份规章制度，并要求员工签收关于收到规章制度的收据，以证明这一点。

4. **指导原则** 制定规章制度的最根本目的在于构建企业的制度体系，方便员工的管理；同时，对所有员工有指导作用，这才是规章制度最大的作用。

如何在规章制度中体现对员工的指导作用？比如入职的要求，在员工入职之前，需要审查员工的哪些资料，何时与员工签订正式的劳动合同，具体的业务部门如何配合做好员工的入职工作，试用期的员工如何进行管理，试用期的考核如何才能做得尽善尽美等，这些条文的细化，可以体现出一个企业在员工入职这个程序中，对部门任务的分工，有利于部门之间的职责明确，可以更好地防范员工入职不当给企业带来的风险。

5. **可操作性原则** 在编制制度时应从猪场管理实际需求和

管理规律出发，以现有体系和制度为基础逐步地进行优化和完善。特别要注意的是，编制的制度不能脱离当前管理体系、人员素质、文化习惯的前提来实施彻底式的变革。否则，这样的制度不但很难具有可操作性，还有可能带来较大的管理风险。制定的制度要从猪场的实际出发，根据本猪场的规模、生产流程、技术特性及管理沟通的需要等方面考虑，制度要体现猪场管理特点，保证制度规范具有可行性、适用性，切忌不切合实际。

6.系统性原则　制度的系统性原则是指在编制制度时要坚持全面、统一的原则，要从全局的角度出发，避免发生相互矛盾的情况，保证制度体系整体的协调顺畅。

7.平等性原则　平等性原则指编制的制度对各级管理层都应该一视同仁，不能因职位等方面的高低而有所区别，应坚持责任、权限、利益相一致的原则，权利与义务不均衡是推进规范化管理的大敌，不平等的制度必将引起内部的矛盾与冲突，影响猪场正常管理工作的开展。

（三）中小猪场规章制度的建立

1.建立猪场管理规章制度，以制度规范化管理猪场　中小规模猪场要根据自己的条件和实际情况制定出切实可行的员工守则、奖罚条例、员工请假考勤制度、员工岗位责任制度、生产例会制度、班前会制度，生产指标效益管理制度、卫生防疫制度、检查制度等，完善生产工艺流程和各类管理操作规程，做到有"法"可依，依"法"管人。规章制度的制定要科学合理、先进实用，制定过程中要广泛听取员工的意见，制定后要通过培训学习，使规章制度深入人心。执行过程中要检查督促，看是否真正落实。随着时间的推移和情况的变化要进行修订和完善。猪场的规章制度，一定要让所有员工读懂并铭记在心，让员工养成一种良好的自我约束的习惯，并把它当作是一种生活习惯来对待。

特别是奖罚制度，一定要明确并落实到位，不要名不符其实。对猪场有贡献的职工一定要表扬，并要树标兵抓典型，弘扬正气。"无威不足以立规，不惩无人以守规"，对那些无视制度不守规范的人要严惩。制度面前人人平等，管理者要带头执行。

2. 建立猪场标准化操作规范，实现规范化生产　猪场不但要有严明的纪律约束，还要有一系列的标准化工作规范，达到每个人、每件事、每天都有详细的安排，即 E3 管理，真正做到"日事日毕、日清日高"。标准化操作规范涵盖的内容比较广泛，如财务管理标准化、防疫消毒标准化、技术操作标准化、猪群保健标准化等。标准化是为了杜绝管理上的盲目性，操作上的随意性。有了制度和标准，就要严格按制度和标准去执行，做到奖罚分明，这样不但可以把场长从繁忙的事务中解放出来，而且职工工作有标准、行动有准则、工作不走样。但标准化也不是一成不变的，也要随着养殖业的发展而发展，随着养殖业水平的提高而提高。

3. 注重制度可操作性　制度的可操作性是指在编制制度时应从养猪生产实际需求和管理规律出发，以现有管理体系和制度为基础，逐步进行优化和完善。特别注意的是，编制的制度不能过于脱离当前管理体系、人员素质和操作习惯，否则，制度不但很难具有可操作性，还有可能带来较大的管理风险。制度的内容要量化，要让猪场员工知道去做什么，到哪做，什么时间做，怎么做或做到什么程度。制度的可操作性是制度建设成功与否的关键，过宽或过严都不行。成都武侯祠有副对联的下联说"不审势即宽严皆误，后来治蜀要深思"，管理猪场也如此，过宽和过严都会失误，也就是要把握一个度。举步犯规、动辄得究、人人必犯、事事必违的制度不是好制度，相反，重犯轻究的制度也不是好制度。一个养猪场制度由于规定过细，几乎没有人能做到合格，饲养员怨声载道，最终会导致流产。养猪场制度建设必须建立在调查研究、信息准确、充分（对环境、对人心、对文化、对习惯）的基础上，否则就可能造成事与愿违，制度失效，甚至会造成混乱和重大损失。

（四）中小猪场规章制度的执行

任何制度的颁布和执行都会遇到阻力和困难。在推行制度之前中高层管理干部一定要在思想上达成一致，心往一处想，劲往一处使，好的制度才能得到实施，才会产生经济效益。任何制度都有利有弊，这就需要制度在推行之前，管理层干部要对制度进行讨论修改。没有十全十美的制度，制度会因为时间、人、环境的变化而失去一部分约束效力。这就需要制度的制定者和实施者不断完善这些制度，使之更加符合养猪场的管理需要。

多数猪场都有规章制度，但多数猪场对制度的执行不得力、不到位，有的只是写在纸上、贴在墙上，就是没有落实到行动上。首先管理人员要带头遵守，"自身正、不令而行"，对违反场规、场纪的员工要根据情节的轻重分别进行处理，情节轻重、有代表性的除了在大会上通报批评外还要进行经济处罚；情节较轻的个别批评教育，要做到在规章管理制度面前人人平等、奖罚分明、一视同仁，使员工保持平稳的心态投入一天的工作。

二、猪场组织机构和管理岗位设置

规模猪场组织机构指规模猪场内部各职务岗位在纵向层次之间行政直线从属关系和横向层次内职能分工协作联系，并相互交织所构成的组织体系，以及猪场外部与市场、行业部门及单位之间的组织联系。组织机构是规模猪场管理的基本职能，其设置是否合理，对调动员工的积极性、主动性和创造性，发挥各层次职能作用，高效、高质地完成经营战略目标任务，增强市场竞争力和对外环境的适应能力，都具有重要现实意义。

目前，大部分规模化猪场的人员配置基本上是场长拍脑袋定下来，没有根据猪场的基础母猪群存栏量、产房和产床的具体个数及保育、育成栏舍的栋数进行人员编制的核算；对人员岗位职责的认定也不规范，经常会出现人浮于岗及事不关己、高高挂起的不良情况。

猪场人员的定编和定岗是猪场人力资源整体工作的基础，将直接影响整个人力资源体系，甚至猪场管理这类上层建筑的稳定性。岗位设计得当与否对激发员工的工作热情、提高工作效率有重要影响。岗位设计把整个业务战略和业务目标都分解到了每个员工的层次，定岗的过程就是岗位设计的过程。岗位设计也称为工作设计，是指根据组织业务目标的需要并兼顾个人的需要，规定某个岗位的任务、责任、权力以及在组织中与其他岗位的关系的过程，它所要解决的主要问题是组织向其成员分配工作任务和职责。

规模猪场岗位设置指根据人力资源规划、猪场组织机构形式、生产流程和技术特点等因素，合理设置各种职务岗位，并编写规范、简明的职务说明书（或称职务手册）。职务说明书主要包括5项内容：一是职务岗位名称。二是工作程序。工作程序包括目标任务、职责、职权、设施、投入品、工艺流程（或操作流程）及经济效益等，在工作中上下级的从属关系、与其他工作人员的协作联系等。三是工作条件。工作条件包括安全措施、光照、温度、湿度、空气流速、空气净化程度以及环境清洁卫生程度等。四是职业条件。职业条件包括工作地点、时间及季节性，该工作在猪场里的层次等级、与其他工作的关系，激励制度，进修提高机会等。五是社会环境。社会环境包括猪场整体状况、各组织机构之间的关系、员工之间的团结协作、猪场及员工与外部环境的相互联系等。

（一）设置的原则

1. 组织机构设置的原则

（1）**经营战略目标原则** 规模猪场组织机构设置应该根据实现经营战略目标的需要来决定，而不能按照领导意志因事设人，也不能以所谓上下对口为依据随意增减组织机构。衡量规模猪场组织机构设置是否合理，不是看它借鉴了多少国内外的先进经验及做法，也不是看它精简了多少机构，而主要是看它能否有利于贯彻执行猪场经营战略意图、能否最大限度地促进猪场经营战略目标的实现。

（2）**指挥统一原则** 指挥统一原则指规模猪场组织机构设置必须保证猪场经营战略指挥和行政命令的集中统一。这是规模猪场组织机构设置的基本原则。它要求规模猪场组织机构设置应该符合以下 3 个基本要求：一是实行场长负责制。规模猪场的每一层次组织机构，无论是高层的整体，还是中层的阶段生产班或者是基层的生产作业组等，都必须确立一个人全面负责，统一行使经营战略指挥权和行政命令权。同时，明确正、副职领导的关系，严格规定正、副职领导的职责与职权。正职领导对工作全面负责，副职领导只负责某一局部工作。如果正、副职领导之间发生意见分歧，正职领导拥有最终决定权，副职领导不得自作主张，擅自发号施令。二是正确处理各层次内行政领导与职能领导的关系。在每一层次机构中，行政领导管辖范围内的业务，职能领导因承担部分责任而拥有一定的管理权。为了避免出现双重指挥现象，应该将总指挥权配予行政领导全面负责，职能领导只拥有对直属下级起业务指导和监督作用。职能领导对下级的指令必须通过行政领导统一下达，避免出现双重领导之乱。三是形成组织机构层次秩序指挥系统。在组织机构里，从上层到下层建立层次秩序指挥系统，除特殊情况外，一般不能图省事或显示个人权威而越级指挥，否则会影响直接下级领导的威信和积极性，也会使直接下级的下属左右为难，无所适从。同时，一般也应该杜绝越级请示、汇报，确保一级管一级，逐级指挥顺畅无阻。

（3）**分工协作原则**　分工协作原则指规模猪场各层次组织机构及各职务岗位，既要明确分工，又要协调配合，以达到事半功倍的目的。这一原则要求分工要适当，宜简不宜繁，一个机构或一个岗位能办的事就不设多个机构或多个岗位。分工过细，机构过多，工作环节增加，工作流程延长，造成协调难度加大，从而抵消分工带来的优越性。此外，分工协调原则也要求加强协调配合，因为规模猪场是一个整体，只有加强各层次组织机构及各职务岗位的协调配合，才能充分发挥其组织机构分工带来的高效能作用。

（4）**有效管理幅度原则**　有效管理幅度原则指一名主管人员直接指挥下级人员的恰当人数。规模猪场组织机构设置时，确定有效管理幅度应该考虑的主要因素有：管理层次高低、管理人员能力状况和组织机构的健全程度等。管理层次越高、管理人员能力越强、组织机构越健全，有效管理幅度就越大；反之，则有效管理幅度就越小。在一定生产规模条件下，有效管理幅度与管理层次有着密切关系。有效管理幅度越大则管理层次就越少，有效管理幅度越小，则管理层次就越多。在实际应用中，宜采取加大有效管理幅度的办法来精简机构，即通过加强人员培训等方法，全面提高人员素质，在适当加大有效管理幅度的前提下减少管理层次、精简组织机构，而不是盲目地压缩层次、减少机构。

（5）**责权利相结合原则**　责权利相结合原则指规模猪场组织机构设置，应该将每个职务岗位的职责、职权与经济利益统一起来，形成责权利相一致的关系。这一原则强调，有多高的职务就应该负多大的责任，承担多大的责任就应该有多大的权力和相应的经济利益作保证。若有职无责就会出现不作为，有责无权或权小于责就会挫伤管理人员的积极性，有权无责或权大于责就容易产生瞎指挥、滥用权的官僚主义，有责有权而无利或者利太小则会全面挫伤员工积极性。坚持责权利相结合原则，可有效提高规模猪场组织机构的效能，促进其经营战略目标的实现。

（6）**集权与分权相结合原则** 集权指猪场组织机构高层保留较多、较大的决策权，中层和基层只有较少、较小的决策权。集权有利于规模猪场的指挥统一，但会压抑下级的积极性。分权指规模猪场组织机构高层保留较少的重大决策权，把较多、较大的决策权授予中层和基层。分权有利于发挥中层和基层领导的积极性，但有时会损害规模猪场的指挥统一原则。规模猪场组织机构设置，既要有一定程度的集权，又要有一定程度的分权，两者必须符合具体条件的平衡状态，这就是所谓集权与分权相结合原则。规模猪场集权与分权的程度应根据生产规模、生产技术特点、人员素质等因素，全面综合分析来确定。

（7）**稳定性与适应性相结合原则** 稳定性指规模猪场组织机构具有抵抗干扰、保持正常运行规律的能力。规模猪场组织结构具有一定的稳定性，才能有明确的组织结构指挥系统、责权利关系和规章制度等，保持正常的工作秩序。适应性指规模猪场组织结构具有调整运行方式，保持对内外环境变化的适应能力。规模猪场组织结构具有一定的适应性，才能根据内外环境的变化，尤其是市场条件的变化，主动做出反应和调整，有效地维护猪场整体生存和发展。稳定性和适应性是一对互相依存的矛盾，前者需要保持，后者要求调整，没有稳定性就难以适应新环境，没有适应性就会失去稳定性。规模猪场组织机构设置应该考虑在保持稳定性基础上，增强其适应性。

2.岗位设置原则

（1）**因事设岗原则** 从"理清该做的事"开始，"以事定岗、以岗定人"。设置岗位既要着眼于猪场现实，又要着眼于猪场发展。应按照猪场各部门职责范围划定岗位，而不应因人设岗。

（2）**整分合原则**　在猪场整体规划下应实现岗位的明确分工，并在分工的基础上有效综合，使各岗位既职责明确又上下左右之间同步协调，发挥最大的生产效能。

（3）**最少岗位数原则**　既考虑到最大限度地节约人力成本，又尽可能地缩短岗位之间的信息传递时间，减少"滤波"效应，提高猪场的战斗力和市场竞争力。

（4）**客户导向原则**　即应该满足特定的内部和外部客户的需求。

（二）猪场组织机构设置和岗位设置

1.组织机构的设置

（1）**经营战略**　规模猪场经营战略是组织机构设置的重要依据。它主要从以下三方面影响规模猪场组织结构设置：一是生产经营业务状况。规模猪场生产经营业务状况指规模猪场经营战略决定在若干年内生产经营业务是单一生产经营（比如，只生产经营标准商品肉猪），还是多种生产经营（比如，同时生产经营标准商品肉猪、种猪、猪饲料，甚至猪肉加工产品等）。这是影响规模猪场组织机构设置的基本因素。单一生产经营宜倾向于集权组织结构，而多种经营则适于分权组织结构。二是生产经营规模。规模猪场生产经营规模有大有小，也有的从小到大逐渐发展。当规模猪场生产经营规模较小（比如，能繁母猪存栏头数≤500头）时，人员少，管理工作量小，不需要专职管理人员。而当规模猪场生产经营规模相当大（比如，能繁母猪存栏头数≥1500头）的时候，人员多，管理工作量大而且内容复杂，需要设置相应的组织机构，安排相关的专职管理人员，合理分担管理工作。三是生产经营战略重点。规模猪场生产经营战略重点是劳动、技术、资金等投入的重点，其组织机构设置必须适应生产经营战略重点的需要。而规模猪场生产经营重点是有针对性和阶段性的，其组织机构设置应该随着生产经营战略重点的转移、改变而做相应的调整。

（2）**生产技术特点** 规模猪场生产技术是其组织机构的重要保证。它一般从以下三方面直接影响规模猪场组织机构的设置：一是阶段产品生产工艺。在标准商品肉猪生产过程中，合格的活产仔猪、断奶仔猪、育成猪、育肥猪，以及猪配合饲料等都是阶段产品。一般可以根据阶段产品的生产工艺特点将整个生产过程划分为种猪、保育猪、育肥猪和饲料加工等几个阶段生产班。各阶段生产班所生产的产品不同，采用的生产工艺及设施、装备等都不同，对操作人员技术水平的要求也不同，技术权力比较分散。因此，各阶段生产班的组织机构设置宜采用相对分权组织结构。二是环节作业操作规程。在各阶段生产班里，一般可根据猪群的年龄、生理特点、生长发育规律和疫病预防控制特点等，分别划分为相应的环节作业组。例如，种猪阶段生产班可划分为种公猪、配种孕检母猪、轻胎母猪、重胎母猪、分娩哺乳猪群5个环节作业组；而后备猪和育肥猪阶段生产班可分别划分为相应的小猪、中猪、大猪三个环节作业组。在同一阶段生产班内的不同环节作业组，所执行的作业操作规程和使用的生产设施、装备等都基本相似或大同小异，对操作人员技术素质的要求也基本相似，技术权力比较集中。所以，同一阶段生产班内不同环节作业组的组织机构设置应该采用相对集权组织机构。三是生产技术复杂程度和稳定性。生产技术复杂程度决定组织机构的分工和专业化程度。例如，种公猪、能繁母猪和分娩哺乳猪三个环节作业组的生产技术比较复杂，它们的组织机构分工就比较细，专业化程度比较高，进而决定阶段生产班内环节作业组的多少、有效管理幅度的大小、技术人员与饲养管理人员的比例等。从生产技术的稳定性来看，若生产技术很少变革，比较稳定，职务岗位、职责、职权等都有明确的规定，则适合采用集权组织结构；相反，若生产技术多变，则采用相对分权组织机构是比较明智的选择。

（3）**外部环境状况**　规模猪场与外部环境的其他经济实体之间存在各种各样的联系，外部环境的特点与发展变化必然对规模猪场组织机构设置产生一定的影响。规模较大的多种经营的猪场应该重视对外环境状况的预测工作，应该委以专人调查了解、分析研究其变化规律。在外部环境比较稳定，少有变化或有变化但变化趋势容易预测并且可以掌握的时候，适于配置集权化的组织机构。在外部环境复杂多变，具有较多不确定因素的时候，宜配予中层、基层组织机构管理人员较多的决策权和随机处理权，以增强规模猪场对外部环境的适应能力，使规模猪场组织机构的内部条件与外部环境状况能够保持动态平衡。

2. **猪场岗位的设置和岗位定编**　现今，一般的规模猪场都分为场外区和场内区两块，场外区主要是行政后勤人员办公、生活区以及内场人员隔离、开会、参加活动时的区域，场内区主要为生产一线区。以基础母猪数为 1 200 头的规模化猪场的人员定编为例，行政后勤岗及生产一线岗的编制见表 2-1。其中，生产一线岗的编制说明如下：基础母猪数为 1 200 头的规模化猪场，其公猪站对于原种场来说，一般要保证公猪数达到 80～100 头，二元杂交场的公猪数则一般在 10～30 头，可指派 1 个饲养员负责公猪站的管理，同时在公猪站内设化验室，安排 1 个化验员。1 200 头基础母猪群的猪场，根据场内情况选留后备母猪 100 头左右，配怀舍存栏母猪约 1 000 头，安排 1 名主管和 4 名饲养员。产房设 12 个区，每个区设 20 个床位，产房母猪一般饲养数量在 180～240 头，设 1 名主管、3 名饲养员和 1 名晚班。产出仔猪的 70%～80% 都会到达保育舍、育成舍，一般来说，保育猪可以 500 头 1 栋保育舍，育成猪可以 250 头 1 栋育成舍，存栏量在 5 000～6 000 头，一般安排 1 名主管、1 名保育舍饲养员和 2 名育成舍饲养员。

表 2-1 猪场岗位设置及其编制（人）

行政后勤岗		生产一线岗	
岗 位	编 制	岗 位	编 制
场长（总经理）	1	副场长	1
办公室主任	1	公猪站饲养员	1
行政文员	1	化验员	1
财务经理	1	配怀舍主管	1
销售文员	1	配怀舍饲养员	4
仓管统计	1	产房主管	1
污水处理员	1	产房饲养员	4
水电工	1	保育、育成舍主管	1
饲料车司机	1	保育、育成舍饲养员	3
厨师	2	育种专干	1
门卫	1	兽医专干	1

　　猪场岗位设置和人员定编是猪场工作的基础，应从成本管控的角度出发确定。但是，猪场人力资源管理有其特殊性，即使岗位已经设定好，人员编制也核算好了，可总会出现一些临时性的特殊事件，从而影响工作开展。例如，猪场的地点都比较偏僻，生物安全管理严格，平时禁止员工自由出入。无法保证周末按时休息，每月只能实行为期 4 天的调休制，一旦某个岗位的员工临时有事或连续调休几天，这个岗位就成了空岗，这时就急需其他岗位的人员补位代班，以保证经营管理活动的正常开展。或碰到紧急情况人手不够时，必须有人能够顶岗。这种现象在行政后勤岗和生产一线岗位都很常见，有的猪场会配置 1～2 名全场代班人员，但代班人员具体的岗位职责需要明确设定。也有猪场从成本管控出发，认为场外人员过多，进行了岗位合并，撤销了销售文员岗位，则这个岗位的职责要转移给其他岗位。

　　现代化、机械化程度高的猪场，很多劳动（如喂料、清粪等）被机械所替代，岗位设置和人员编制较一般猪场要少，而人员的文化程度、技术程度要求较高。

（三）规模猪场人员的招聘和管理

1. 猪场人员招聘原则

（1）**宁缺毋滥**　人手紧缺、员工流动性较大是猪场实际情况，但也不能"饥不择食、寒不择衣"。因为猪场的每个岗位都有相应的要求和操作规程，必须按照招聘岗位的实际情况和具体要求来招聘员工，而不是仅仅找一个顶替人员来弥补岗位空缺。

（2）**以岗招人**　猪场应根据猪场人力资源规划与职务岗位设置的需要或空缺情况制定人员招聘计划，并定期召开招聘会或发布招聘信息，要求申请人直接送达或通过网络等方式提交求职申请表。以空缺岗位的实际需要招聘员工。部分养猪老板，采取的是"以人设岗"，没有尽到人尽其才，甚至是人浮于事，从而影响猪场整体的生产积极性和经济效益。

（3）**责任心第一位**　猪场每一件工作都需要用心去做，责任心是猪场经营管理中的灵魂。因此，在招聘员工时，首先要把责任心放在第一位。应聘者可以学历不高、能力较差，但必须要有责任心。具有较强的责任心，以后的工作才能兢兢业业、一丝不苟，才能实现较好的工作业绩。

（4）**德才兼备**　某些猪场常有部分员工粗暴地打骂、驱赶、虐待猪只，对同事充满敌意，经常惹出各类祸端，对猪场整体生产经营管理工作造成不良影响。有专家指出"有德有才提拔录用，有才无德谨慎使用，无德无才一概不用"是经典的用人之道。

2. 猪场人员招聘的方法

（1）**人才市场招聘**　人才市场有猪场需要的各类人才，尤其是经营管理人才、技术人才和营销人才。缺点是这类人员待遇要求较高、流动性较大，有些人不能适应猪场偏僻封闭的环境和单调乏味的工作。

（2）**职工互相引荐** 这一方法最适合饲养员的招聘。由于现有老员工对猪场的生产生活环境、劳动强度、薪金待遇等情况较为熟悉，因此通过引荐方式可以招聘到合适的饲养员。

（3）**其他招聘方法** 发布招聘信息，等待应聘者上门或来电咨询，进行员工招录。"顺藤摸瓜"法，就是到牧院或牧校根据相近的专业招录应届毕业生作为猪场员工。"按图索骥"法，就是根据现有员工的意向，在某个指定的地点开展招聘工作。

3. **猪场招聘人员上岗前的培训工作** 猪场新员工上岗前必须接受培训。新员工培训由人力资源管理职能机构负责组织，各相关职能机构参与共同实施。新员工培训的主要目的是帮助他们深入了解猪场概况及各职务岗位的工作要求，掌握基本技能，尽快达到所要求的标准。新员工培训包括基础培训和专业培训。基础培训的内容包括猪场创建简史、组织机构、阶段产品及主要产品、经营状况、各种管理制度等。而专业培训则由相关职能机构根据新员工职务岗位的工作程序、生产工艺、管理制度、行为规范等标准要求进行培训，提高工作技能，适应、胜任职务岗位工作。

（1）**工作态度的培训** 让新员工尽快适应猪场工作生活环境，尽快融入猪场团队群体，成为猪场的一分子，让新员工有归属感和认同感。让新员工自觉遵守全场规章制度和生产管理制度，使其明确制度的必要性和重要性。应自觉自愿地完成主管人员安排的各类工作任务，并创造性地开展工作，给新员工设计可以施展其自身价值的平台。

（2）**企业文化培训** 加强新员工对猪场企业文化的培训，不但让新员工对猪场产生认同感和归属感，让猪场荣辱和个人相结合，真正做到以场为家，而且对于培养和提高新员工在今后工作中的责任心和执行力十分重要。

（3）**工作技能知识培训** 针对不同岗位的新员工培训不同

的工作技能知识。例如，生产场长需要接受猪场生产管理、操作规程、员工培训、生产现场问题解决、猪场危机化解和关键点问题控制的培训。兽医需要培训疫病防控、猪病诊断治疗、猪群营养保健方案、饲养要点等。班组长及饲养员需要培训日常工作流程、饲喂要领、消毒知识和疫病观察上报等。

三、明确岗位职责

养猪生产应按养猪生产工艺流程和生产设计要求进行规范化生产作业，使养猪生产能有计划、按周期平衡地生产。在管理上做到责、权、利明确，避免造成管理混乱，进行岗位设置，明确岗位责任，做到人人有事做、事事有人做。猪场所设各岗位职责：

（一）猪场场长职责

管理是猪场场长的首要任务，主要内容有组织管理、行政管理、生产管理、后勤管理和销售管理；处理对外事务；负责协调本单位各部门之间的关系。

严密的组织管理是确保生产经营活动有序、健康发展的基本条件，包括各种规章制度的制定等。

猪场行政管理是企业形象的突出表现，是工作效率的集中反映，要求工作人员要有较高素质，使管理向企业化管理迈进。

生产管理是保证平稳、健康、均衡生产的必要步骤，有效组织养猪生产，组织实施年度生产计划，包括制定生产计划、组织工艺流程、生产成绩统计等。

后勤管理起到保驾护航的作用，建立一支精干、优秀的后勤队伍，及时处理生产方面各种问题，保证生产、经营正常进行。

销售管理是猪场管理方面的热点问题，场长亲自抓销售已经成为人们共识的有效方式，即法人营销策略，只有场长了解市场才能指挥销售人员做好市场工作。

组织召开例会，每周、每月例会听取各个部门的工作汇报，传达上级文件精神，解决生产中存在的问题；并对猪场正面临的一些问题进行讨论和布置；定期到车间、职工内部了解生产和生活情况。监督实施猪场规章制度，对工资表进行审阅、签字；对票据进行审核、签字；每天进行各类报表的分析。

作为猪场场长，要认真履行经营者的决策，做好人员培训，决定员工的聘用、升级、加薪、奖惩和辞退。注重安全生产，杜绝安全事故发生。

（二）生产场长职责

对养猪生产负责；制定年内、月度生产计划；编制选育选配计划；负责后备猪只的选留；负责对"应淘猪只"进行决断；负责协调各组之间的关系；负责生产区人员的调度；根据生产实践，对计件工资实施办法提出修订意见；及时发现生产中的问题并向场长汇报；完成场长安排的其他工作。制定场内的消毒、保健、驱虫、免疫计划，并督促执行；负责全场的饲料生产、种猪购销和兽医等工作；登记并申请全场生产用药物、工具、器械等的采购计划；做好日报表、周报表、月报表的填写。监督兽医、饲养员和饲料加工人员是否到位；进行各类报表的登记，分析当天的生产状况，如当天的配种数、产仔数、断奶数、死亡率等，并总结经验和找出差距及解决问题的方法。

（三）统计员职责

负责全场的统计工作；负责填写生产管理表格的相关栏目；汇总各种数据记录，公布各栋舍生产成绩；编制猪群周转计划；核算员工工资；做好猪群周报、月报，及时递交相关负责人；定期清查猪群，做到账、实（实际存栏数）相符；公布月度指标完

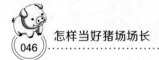

成情况，并提出合理化建议；完成生产场长安排的其他工作。

（四）兽医、防疫员职责

制定并实施防疫计划；制定消毒计划，并监督实施；反馈各种疫苗、消毒剂的使用效果；根据需要，及时申报疫苗、消毒剂的采购计划；严密监控猪群健康状况，并提出合理化建议；完成生产场长安排的其他事务。严格执行场内的消毒、驱虫、保健、免疫工作及公猪的去势，病猪的治疗，死猪的处理；做好片区的配套报表。

（五）配种员职责

观察发情猪，适时配种，严格执行选配计划；严格配种各环节的消毒，防止交叉感染；认真填写发情记录和配种记录，填好卡片，留好档案；对延迟发情、异常发情的母猪及时采取措施，提高受配率；按时提交预产母猪排序表；管理好所用到的各种药品、器械；指导公猪舍饲养员、空怀舍饲养员搞好饲养管理；完成生产场长安排的其他工作。

（六）清运工职责

负责全场粪便的转移；负责全场垃圾的外运；负责所属卫生区域的清洁；定期清理主下水沟；定期清除猪场内的杂草；完成生产场长安排的其他工作。

（七）技术员兼带班班长职责

负责本段人员的调配、考勤、监督、教育，掌握其工作状况、思想动态；严格饲养管理规程，抓好饲养管理的各技术环节；负责落实本段各项生产技术指标；贯彻、落实本场有关文件精神，负责本段猪群的兽医保健；按计划安排、协调好猪群周转工作；及时发现并汇报异常情况；完成生产场长安排的其他工作。

（八）无害化处理人员职责

负责收集哺乳舍的胎衣、死亡胎儿、保育舍伤亡仔猪；对收集汇总的物料及时进行煮沸（4小时以上）或深埋；负责病死猪的无害化处理；负责猪场粪污的固液分离，沼气池、沼液池的管理；负责沉淀池粪便的打捞工作；夏季协助灭蝇，定期灭鼠；完成生产场长安排的其他事务。

（九）饲养员职责

按猪群阶段日粮要求饲喂本栋猪只；按饲养管理规程搞好管理；保持好舍内外卫生；发现异常情况及时汇报给技术员或相关人员；建议淘汰出格的种猪、无饲养价值的生长育肥猪；空圈后冲刷圈舍；参与猪只转群（或出售）工作；参与猪舍保暖、通风等环境控制工作；哺乳舍负责白天接产事宜，仔猪的诱食补料；完成技术员安排的其他事项。

（十）药房保管兼化验员职责

保管好药房及化验室的物品；严格按处方发放药品、器械；汇总各栋号药品、器械使用情况并报给统计员；根据生产耗用及库存量上报采购计划；做好月报表并及时上报；对各类猪只的死亡进行调查，根据需要进行剖检并做好记录；将特殊病料带回化验室做进一步分析、研究；充分利用现有条件配制部分常用药品；完成后勤场长安排的其他工作。

（十一）夜间接产员职责

负责夜间分娩母猪的接产工作；严格接产消毒程序；夜间定时对3日龄内的乳猪进行外放吮乳；来回巡视，发现压小猪等

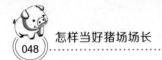

异常情况立即排除；完成分管技术员安排的其他工作。

（十二）锅炉工职责

持证上岗并严格执行压力容器的安全法则；按要求向制粒机提供蒸汽；根据舍内外温度情况向哺乳舍、保育舍供暖；定期清理除尘器，使其有效运转；及时上报煤炭采购计划；完成后勤场长安排的其他工作。

（十三）维修工职责

负责全场工（器）具、设备、水路、电路的维护维修工作；保管好所用工具，保持维修现场及维修部整洁、有序；发现安全隐患，及时采取预防措施并上报给后勤场长；查看水表、电表，做好记录并及时通报水、电耗用情况；制定并实施安全用电措施；提交易损件及常用物品（焊条等）的采购计划；完成后勤场长安排的其他工作。

（十四）饲料加工员职责

进库原料质量把关，来料验收分档；原料与成品需分开堆码，排列整齐，数量核准；明确生产饲料的品种、数量与质量要求；严格按照饲料配方制料，单一的饲料原料需经过磅称量，投量正确；次料先整理，后进仓，并及时利用；高度重视生产安全区，区内严禁吸烟，安全用电，安全装卸，以防意外；搞好环境卫生，清理和回收一切废旧物质，杜绝饲料受病原污染；节约用电，降低生产成本；遵守防疫制度，送料进生产区须经严格消毒；遵守作息制度，做到不迟到、不早退、不脱岗、不睡岗。

（十五）保管员职责

做好原料及成品的入库、出库记录并及时上报；做好原料及其检验状态的标识工作；指导装卸工、投料工分离标识投料过程中的不合格品并报告品管部，数量报财务部，按评审意见处理；按照质量要求做玉米等原、辅料的验收，以及日常库存原材料质量检查工作；按照生产车间开的领料单向打包工发放包装物和标签；实施对库存成品中不合格品的标识、隔离、按评审意见处理；及时上报原材料出入库结存报表；执行仓库管理技术规范，管好仓库；做到账、卡、物相符。

（十六）采购员职责

向本部门主管推荐原料供应商；在本部门负责人的安排下草拟采购计划；做好本部门原料施加标识，并做好搬运、贮存、防护和交付工作；对本部门采取的原、辅料通过化验室进行检验；具体实施原料采购标准；参加对原料不合格品的评审。

（十七）门卫职责

严格遵守兽医卫生防疫制度，遵守猪场的各项规章制度；负责管理消毒池的清扫、更换；24小时有人值班，搞好传达室周边的环境卫生；严禁外来人员和车辆进入生产区；对允许进入场内的车辆进行严格的消毒；领取和发送信件及其他物品。

四、员工的考核与激励

规模化猪场要根据本猪场的工作条件和生产规模核定出各项工作绩效，薪水分配本着多劳多得的原则和工作绩效与薪水紧密挂钩。盈利后，通过一系列的生产指标（配种率、产仔率、成活率、肥猪出栏时的料肉比等）给优秀员工增加报酬，以资鼓励。

工作绩效和薪水在核定时要有一个合理的基础点，要通过员工的努力工作才能达到和超额，超额部分以奖金的形式每月兑现发放，对生产指标完成比较好和生产业绩突出的员工在年终时给以相应的奖励。一个员工的工资收入应与他的劳动付出、生产业绩成正比。员工的劳动报酬和他们切身利益紧密相关，因此不管猪场的效益好坏，每月都要按时给员工发放工资，这样才能充分调动员工的工作积极性。

（一）猪场管理生产责任制

健全的劳动生产责任制是提高养猪场效益的关键。制定责任制时，要"远近结合"，既有长远规划，又有近期目标，要兼顾到养猪场和饲养管理人员的利益，这样有利于调动职工的生产积极性。中型、大型规模养猪场可按繁殖饲养、防疫、饲料供应和后勤保障进行劳动组合，专业承包、责任到人、联产计酬。小规模猪场也可以将责任制直接落实到人，对每个人都实行责任目标管理。责任制的形式有：

1. 集体承包、场长负责 大部分集体所有制猪场采取这种责任制形式。由场长带领饲养管理人员集体承包养猪场，由场长与猪场的产权人签订承包合同，在保障产权人资产不流失的情况下，完成猪场的各项生产任务和利润指标。根据完成生产任务和利润指标情况，制定场长和饲养管理人员的分配方案，超额完成的利润部分按比例对承包方进行奖励，完不成利润指标则按比例进行惩罚。

2. 联产计酬责任制 个体和集体猪场常采用此责任制。由产权人出任或聘任场长，场长把饲养管理人员分别分配在各个养猪生产及有关环节上，将各环节生产任务和工作承包到人，对每个人联系生产产量和饲料消耗及工作成绩进行计酬。这种责任制形式一般以1年为期限，各生产阶段的承包指标可依据前面提到的猪场生产指标而定，为了调动生产者的积极性，制定指标时要留有一定余地，使承包者有奖可得，这样产权人也会获得更大的效益。

3. **岗位责任制**　大部分国有猪场采用这种责任制。场长由猪场的产权人招聘、指定或委派，由场长制定饲养管理人员在一定时期内必须完成的符合质量要求的作业数量或应饲养的定额猪头数，由场方根据饲养管理人员在此时期内工作的成绩，发给饲养管理人员工资或进行奖罚。

4. **技术托管责任制**　目前，我国猪场托管的形式很多。主要有 3 种：

（1）**全托管责任制**　又称猪场经济效益托管。猪场投资者不承担市场风险，托管者按照猪场投资者资金总额的 10%～12% 付固定收益，不分年份、不管托管者经营是否有利润，每年按月或按季度或每半年托管者向猪场投资者支付固定收益；如果年经济效益好，年末托管者按利润总额的 30%～40% 向猪场投资者分成；如果当年托管者出现亏损，由托管者承担。实行经济效益托管猪场的生产规模要求基础母猪在 1 000 头以上，猪场规模太小，不利于降低生产管理成本。猪场老板只选派 1 名财务人员参加猪场工作，负责资金管理工作，其他人员都由托管方招聘、管理。

托管者全权负责猪场经营，猪场投资者只负责猪场外的环保工作协调、项目资金申请、当地社会治安管理以及猪场大型建设投资（添置设备，猪场改造）、大型维修等工作。

托管猪场方负责整个猪场的生产经营工作，包括猪场场长、技术人员选派，饲养人员招聘，猪场的管理方案，经营办法，人员工资标准、审查、核定与发放，猪场正常生产、猪群销售，猪场设施设备管理、小型维修（2 000 元以内）和财务核算等都由托管者负责。

托管经营时间一般为 5～10 年，5 年以后实行每年按固定效益年 3%～5% 递增，严格签订违约条款。

（2）**生产指标托管责任制**　托管方负责猪场生产，包括兽医药物（兽医治疗药物、疫苗、消毒药品等）费用、生产指标（配种数、配种受胎率、母猪分娩数、母猪分娩率、窝产仔数、窝均产活仔数、仔猪成活率、断奶体重、保育猪成活率、70日龄平均个体重、育肥猪成活率、每头母猪年提供出栏猪数等）、生猪生产各阶段发病死亡率等。

猪场老板负责饲料采购、人员招聘、管理与工资核发、财务核算、猪场销售等；负责猪场外工作协调，包括环保、社会治安等。

猪场老板与托管方定指标，包括：①定每头母猪年提供出栏猪数。一般为18～22头，视具体情况而定。母猪数按日存栏数进行加权平均确定，出栏数按年合计总数。②定技术服务收费标准。通常按月出栏猪数计算，本月上旬支付上月技术服务费用，按每出栏1头（由猪场老板按销售猪体重和类型）仔猪向托管方支付服务费用35～55元；每销售1头种猪或肥猪向技术托管服务方支付服务费用70～95元。③定利润指标。万头猪场年正常利润总额为150～200万元。④定奖赔标准。年末核算完成利润指标，猪场老板向猪场托管方有关人员提供利润总额的3%予以奖励；超过正常部分按5%予以奖励；未完成利润指标任务，没有奖励；超额完成生产指标任务，按超过出栏猪头数计算，每增加1头，奖励托管方有关人员50元；欠出栏生产指标任务，每少1头，由托管方赔偿猪场老板100元，奖励和赔偿上不封顶，下不保底。生产指标托管方式主要是在基础母猪500头以上规模养猪企业实行。

（3）**单项指标托管责任制**　主要有兽医、供应饲料托管。

①实行兽医托管　猪场老板负责猪场全面管理，包括饲料采购、猪群销售、人员招聘、工资发放、财务管理等；托管方主要为规模猪场提供生猪疫苗或兽医药品，托管方选派1名兽医技术人员主要负责兽医免疫、保健方案制定与执行、免疫效果抗体

监测，猪场疾病实验室诊断、检验等工作。

兽医托管只对猪场指标负责，实行"三定"：一定猪场疫病死亡率，全群生猪死亡率控制在 12% 以内。二定技术服务收费标准，按出栏商品猪数计算，每头出栏猪收取兽医技术服务费 35～60 元。三定奖励和赔偿标准，全场核定年利润指标，完成任务猪场老板向猪场托管方按利润总额的 3% 奖励，反之不予奖励；死亡率超过合同核定指标，托管方赔偿猪场老板，每增加 1 头死亡，由托管方补偿猪场老板 100 元。

②实行饲料供应技术托管 猪场老板负责药物采购、猪群销售、人员招聘、工资发放、财务管理等；托管方主要负责猪场生产管理和技术工作，提供猪场饲料、猪群管理技术、猪场场长和技术人员，主要对生产技术指标负责。

供饲料托管方对规模猪场生产技术指标负责，实行"四定"：一定每头母猪年提供商品猪 18～22 头，全群料重比 3.2∶1；二定猪群疫病死亡率，全群生猪死亡率控制在 12% 以内；三定提供技术管理人员数，一个万头猪场选派 2～3 人负责该场生产技术管理；四定奖赔标准，全场核定年生产指标任务，欠产、超产同比例奖赔，每头猪按 50～100 元标准执行，上不封顶，下不保底。实行单项指标托管主要是在基础母猪 300～1 000 头规模猪场进行。

（二）猪场员工绩效考核的标准和方法

"没有规矩不成方圆"，激励和鞭策是每个管理者做好管理的重要手段之一，失去了这些动力，团队只能随波逐流，业绩平庸。所以，猪场要重视绩效考核。管理者首先要做的事情就是组织大家学习猪场的规章制度和绩效考核的流程，并让员工明白绩效考核的必要性和重要性。其次，要让员工明白，猪场的规章制度和绩效考核并不是为了管束和压迫员工的手段，而是为了员工提升自己的业务能力和管理水平，从而为猪场、为自己增加效益的重要途径。通过学习引导，让员工从内心认同猪场的规章制度和绩效考核方案，这样员工才不会产生抵触情绪。绩效考核要分年度考核、季度考核和月考核，考核内容应具体化。只有对生产数据和生产成绩进行认真分析，找出问题的所在，猪场的各项措施才能够落到实处，才能得到团队员工的理解和执行，才能得到更好的结果和效益。

职工的报酬根据工作岗位的不同而不同，人们常忽略饲养员对总体经济效益的贡献，而不给予奖励，管理者要在精神上和物质上对饲养员的贡献表示认可。饲养员应得到与其劳动强度和责任大小相称的薪水，并应连同个人表现进行定期考核。奖金可作为整个报酬的一个组成部分，根据工作岗位及对工作的胜任程度，可按年度、半年度或按月发放。奖金是职工努力工作的一种体现，可与制度目标挂钩，也可由管理者评定，后一种类型的奖金通常在年底发放，作为对全年工作的奖励。奖金与生产指标挂钩最具成效，也得与现实可行的生产目标相关，如母猪年分娩率、窝产仔猪数、成活率、出栏时间、饲料报酬和对饲料药物、水电浪费的控制、大环境卫生等。但不要夸大奖金在报酬中的重要性，它不是正常工资的替代品，必须考虑本地劳工的薪资水平与场内的实际情况，如发生了自然灾害、疾病和不可控制的事件，应保证职工的工资和福利，也是对员工进行有效管理的一个重要策略。

制定合理的员工绩效考核方案，员工收入可实行有奖有罚、联产计酬的分配办法，同具体的生产任务、技术指标挂钩，多劳多得，少劳少得，不劳不得，提高每个员工的工作积极性。

猪场管理的核心是人员管理，只有管好人才能管好猪。人员管理最有力的工具是钱权，薪资考核是关键，为调动员工的积极性，必须有一套完善的绩效管理办法。

1. 猪场员工绩效考核体系 规模猪场员工的考核是对员工的工作绩效和人力资源管理职能效果的定期检查与评价。通过考核获得的结果和信息，可以作为收入分配、职务岗位调整及针对性做出人力资源管理决策的依据。考核必须坚持公开、公平、公正原则；按考核主体可分为自我考核、上级考核、下级考核、同级考核；考核项目尽可能量化、标准化，难以量化的要尽可能细化；考核应该逐项评分、评价，按评分、评价结果分为试用、合格、优秀3个等级，并及时公布，以促进员工及时吸取经验、教训，互相学习，团结协作。

考核内容大致分为德、勤、能、绩4项。"德"主要考核员工的道德意识及行为习惯、法律知识及对待法规的态度、对猪场的忠诚度及爱岗敬业精神等。"勤"主要考核员工在岗工作及执行力情况、工作环境整洁及设施设备维护状况、工作思路及条理性是否清晰等。"能"主要考核员工对工作程序（或生产工艺等）的理解和掌握程度、对专业技术的掌握程度与运用能力、科技创新能力等。"绩"主要考核员工完成目标任务的数量和实现相关生产技术参数的情况等。

绩效评估是一个系统，包括绩效考核指标的设定、绩效信息的收集和绩效结果的反馈等过程。在这个过程中，绩效考核指标的设定构成了绩效评估的基础和依据。因此，设定一个科学、全面、有效的绩效考核指标体系就成为绩效评估工作的重中之重。

养猪企业的岗位可划分为两类：一类是适合用目标来考核的岗位（或者说是承担猪场关键绩效指标的岗位），包括猪场场长、配种员、技术员、饲养员等；另一类是不适合用目标来考核的常规岗位（如统计、保管、门卫等）。第一类岗位采用关键绩效指标考核，第二类岗位采用岗位绩效标准（也称工作标准）考核。

（1）猪场设定关键绩效指标的原则　养猪企业设定关键绩效指标的原则是 SMART 原则。S（具体的）：是指关键绩效指标要切中特定的工作目标，不能是抽象的，而应该适度细化；M（可衡量的）：是指关键绩效指标应该是数量化的，即指标尽可能量化；A（可实现的）：是指制定的绩效目标在员工付出努力后可以实现，不可过高或过低；R（现实的）：是指关键绩效指标是实实在在可以被观察到的；T（有时限的）：是指使用时间单位，规定完成关键绩效指标的时间。

（2）规模猪场设定关键绩效指标的一般程序

①找出关键成功要素　是指对养猪企业的成功起关键作用的战略要素的定性描述，即对养猪企业战略目标的实现起到直接控制作用的关键岗位职责。如规模化商品猪场的战略目标是"降低成本，增加产量，提高质量，满足市场需求"。

②建立评价指标　关键成功要素找出来之后，建立评价指标从而对员工考核。评价关键成功要素的指标大致有 4 种类型：数量、质量、成本、时限。数量型指标主要有生产量、育成率、销售额等；质量型指标主要有初生重、断奶重、出栏重、销售价等；成本型指标主要有生猪每千克增重饲料兽药成本，单头猪饲料兽药效益；时限型指标主要有断奶时间、出栏日龄等。

③建立评价标准　指在各个指标上员工应该达到一个什么样的水平，解决的是员工做得怎样的问题。

④确定数据来源　有两种途径，客观的数据记录和他人或自己的主观评价。

（3）规模猪场生产人员关键绩效指标评价体系

①猪场关键绩效指标计算方法　每个场都有不同的考核标准，但在关键业绩指标考核上考不到关键、考核不科学、激发不了员工积极性、与公司目标不一致等现象时有发生。所以，必须对生产岗位关键指标进行深度挖掘，比如分娩车间成活率

考核存在漏洞，如弱仔猪影响成活率就放弃饲养。为减少成活率考核漏洞可以作为指标对比，但不作为考核关键指标。关键指标包括数量、质量、成本指标，不在于多而在于关键。例如，分娩阶段关键指标：母猪提供健仔数量、标准断奶转栏重量、质量合格率、母猪发情配种率等。保育、生长、育成阶段关键指标：成活率、料肉比、标准饲养转栏重量、合格率等。种猪区关键指标：配种分娩率、产活仔数、母猪残次率、后备母猪利用率等。

[案例1] 猪场关键绩效指标计算

某猪场为了全面、系统、客观地评价与比较，采取如下统一计算方法。

a. 全年饲养有效母猪数＝年初存栏母猪数＋（∑XM−∑YN）÷365

其中，X：调入后备母猪数×选育率；M：365−（上年12月20日至调进后备母猪日期的天数＋预计进入配种天数）；Y：1胎以上母猪（不含1胎）淘汰数；N：淘汰日期到本年12月20日的天数。

后备母猪选育率、预期配种天数见表2-2。

表2-2　后备母猪选育率、预期配种天数

后备母猪体重（千克）	65～75	75～85	85～95	95以上
选育率（%）	86	88	90	92
预期配种（天）	120	90	60	30

b. 单头有效母猪年供仔猪数＝〔全年出栏仔猪数＋（期末存栏仔猪数−期初存栏仔猪数）〕/全年饲养有效母猪数

c. 每千克增重仔猪消耗饲料兽药成本（元/千克）＝〔本期

耗用饲料兽药费用 – 转出头数 × （转出头均重 –22） × 2 × 小猪料单价〕/〔本期总增重 – 转出头数 × （转出头均重 –22）〕

d. 单头仔猪饲料兽药效益（元／头）＝单头仔猪饲料兽药成本（计划 – 实际）

e. 单头有效母猪年产活健仔数＝全年产活健仔猪总数／全年饲养有效母猪数

f. 单头活健仔猪消耗饲料兽药成本（元／头）＝本期耗用饲料兽药费用／本期产活健仔总数

j. 单头活健仔猪饲料兽药效益（元／头）＝单头活健仔猪饲料兽药成本（计划 – 实际）

h. 每千克增重保育猪消耗饲料兽药成本（元／千克）＝本期耗用饲料兽药费用／本期增重

i. 单头保育猪饲料兽药效益（元／头）＝每千克增重保育猪饲料兽药成本（计划 – 实际）×（22-6.5）

j. 每千克增重育肥猪消耗饲料兽药成本（元／千克）＝本期耗用饲料兽药费用／本期增重

k. 单头育肥猪饲料兽药效益（元／头）＝每千克增重育肥猪饲料兽药成本（计划 – 实际）×（95-22）

②规模化猪场关键绩效指标评价　传统式生产与工厂化生产的规模化猪场关键绩效指标的评价标准见表2-3。

（4）实施绩效考核的前提条件　实施绩效考核的前提是场长和员工有良好的沟通，互相理解，对绩效考核实施后的各自付出与收益在心底有大致轮廓：场长明白，实行绩效考核，应该是生产水平提高，付出的员工工资增加，但同时自己场里的效益增加；员工明白，实行绩效考核，自己的体力、精力付出增加，生产改善，自己通过每一项生产成绩的提高从场长那里得到奖金，获得更多的经济收入，绩效考核是指导自己提高生产水平，不是

表 2-3　传统式生产与工厂化生产的规模化猪场关键绩效指标的评价标准

	阶段	关键成功要素	评价指标	指标类型	评价标准
传统式生产	配种妊娠哺乳保育	出栏仔猪数	单头有效母猪年供仔猪数	数量、时限	19.17 头以上
		饲料兽药成本	每千克增重仔猪耗用饲料兽药成本	成本	单头仔猪饲料兽药效益
		出栏仔猪重量	60 日龄仔猪出栏头重	质量、时限	22 千克以上
工厂化生产	配种妊娠车间	产活健仔数	单头有效母猪年产活健仔数	数量、时限	20.7 头以上
		饲料兽药成本	产一头活健仔猪耗用饲料兽药成本	成本	单头活健仔饲料兽药效益
		初生重	头平均体重	质量	1.40 千克以上
	产仔哺乳车间	断奶仔猪数	育成率	数量	95% 以上
		仔猪断奶重	21 日龄断奶头均重	质量、时限	6.5 千克以上
	仔猪保育车间	饲料兽药成本	保育猪每千克增重耗饲料兽药成本	成本	单头保育猪饲料兽药效益
		出栏仔猪数	育成率	数量	98.5% 以上
		出栏重	饲养 37 天出栏重量	质量、时限	头均重 22 千克以上或日增重 420 克以上
	生长育肥车间	饲料兽药成本	育肥猪每千克增重耗饲料兽药成本	成本	单头育肥猪饲料兽药效益
		出栏活大猪数	育成率	数量	99% 以上
		出栏天数	达 95 千克体重出栏饲养天数	质量、时限	112 天或日增重 650 克以上

注：以上项目和数据是公司根据各猪场实际生产情况制定的。

想把人"考倒"。

　　具体实施绩效考核，必须满足以下前提条件：①整个生产已经形成完整的良性循环，有成熟的生产管理程序，生产节律固定，数字统计完全、准确，岗位分工明确，实行全进全出制度；②场内硬件大致完备，生产流程不会被轻易打乱；③场内生产已有一段时间（不少于半年）相对稳定，生产水平数据有提高的空间（最好有现实的参照对象），工资薪酬方面场长也有更多给予的意愿；④首次实行绩效考核的步子不宜迈得过大，但是又必须有规范的实施细则，最好是场长、员工在方案上互相签字认可，为防止方案的个别疏漏，应保留"施行一段时间后可做细节修改"的条款。

（5）绩效考核方案设计思路　绩效考核的实质就是猪场场长公平、公开地奖罚员工，整个方案的最终裁定者是猪场场长。为此，场长必须心里清楚，制定执行这套方案的结局是：对照当前的生产成绩，生产阶段过后，随着每个生产指标的改变，每个岗位工人都会得到相应的奖罚，但是相对于目前各行业用工难的现状，总体会是重奖轻罚；又因绝大部分猪场的实际生产水平提升空间较大，奖多罚少也是情理之中。

有了以上具体的实施前提，绩效考核方案就可以按以下思路制定：计算出当前的岗位工资水平，考虑目前的薪酬上升速度，把当前工资的 10%～20% 作为下个年度绩效考核奖罚金的大致额度，奖不封顶，罚到归零为止。具体金额的细化要结合场内的具体情况，分析每一个考核指标，分析其在生产成绩中所占的权重比例及可能的提升额度，分解奖罚金额。一旦实行绩效考核 1～2 个周期后，可以将各个岗位的基本工资比例缩小，加大奖罚力度，有奖有罚。

绩效考核的主要项目分为全场考核指标和岗位考核指标，全场考核指标为每头母猪每年提供上市猪头数、全群料肉比、每头上市猪的兽药费用等。全场考核主要是在猪场所有者与猪场全体管理人员之间进行，抛开经营效益不计，猪场的生产数据大指标完成情况与猪场从生产场长到岗位工人的全体生产者的工资薪酬挂钩；然后超额完成任务则奖励，完不成指标则惩戒性罚款。参照同行业水平的考核指标，但每个猪场的情况都不一样，制定绩效考核方案时必须根据自己场内的实际情况制定，不能照抄别人。

2. 猪场员工薪金奖励标准 激励指猪场人力资源管理以实现猪场经营战略目标为导向，以考核为手段，引导、指导、规范员工行为的活动。激励方式大致分为物质激励和精神激励两大类。物质激励主要包括工资、奖金、福利等。精神激励主要包括高层领导言行率先垂范，定期安排找员工谈话，善于发现并及时表扬员工的优点和成绩；给员工提供职业发展、学习、参与管理、承担具挑战性工作的机会等；建立健全猪场企业文化，通过猪场企业文化教育、影响、塑造、激励员工，增强猪场员工整体凝聚力、向心力，提高员工对猪场的忠诚度。总而言之，猪场激励员工的方式，既要考虑激励的目的，也要考虑员工的个人需要。

规模猪场可以自主决定员工工资分配方式，负责主持建立科学、合理、公平的工资分配制度是规模猪场人力资源管理职能机构的重要职责。制定员工工资分配制度应该坚持 4 项原则：

①物质利益原则 指利用物质利益因素调动员工的积极性，把员工的物质利益工资化，并同其劳动成果挂起钩来，使他们从工资上注重自己的劳动以及关心猪场的生产发展，从而促进猪场经营战略目标的实现。

②按劳分配原则 指根据员工为猪场提供劳动的数量和质量，在做了各项必要扣除之后，实行等量劳动领取等量酬劳，克服工资分配中的平均主义，实现多劳多得、少劳少得，员工工资有高有低，也能高能低。

③按生产要素分配原则 随着市场经济和生猪规模生产的不断发展，规模猪场内的管理、科技创新、资本等生产要素，在

价值和创造物质财富中的作用越来越大。在生产过程中，如果只单纯地强调劳动（尤其是体力劳动）因素，就容易忽视各种生产要素在创造物质财富中的积极作用，不利于实现资源优化配置和提高生产效率。因此，制定员工工资分配制度的时候，应该坚持以按劳分配为主体，同时将按劳分配和按生产要素分配结合起来，充分调动各方面的积极性。

④同工同酬原则　同工同酬指工资分配只与职务、职责、职权、绩效相联系，不与技术职称及资格挂钩。以有利于提拔或聘用有真才实学的优秀员工，也有利于激励员工努力自觉成才，不断提高业务技术水平，从而促进员工队伍科技素质的提高。

猪场不适合搞定额工资，干多干少一个样，员工积极性肯定不高。经验证明，猪场适合搞绩效管理，技术指标与效益直接挂钩，适用于大多数规模猪场，能稳定员工队伍，调动员工积极性，显著提高经济效益。

3. 工薪组成　规模猪场一般适宜选择结构工资分配制度。结构工资分配制度是由几项体现不同劳动因素、具有不同功能的工资单元组成工资总额的一种分配制度，又称组合工资制。在设计结构工资分配方案的时候，将工资总额划分为若干工资单元，虽然各工资单元在工资总额中所占的比例因功能不同而异，但都是互为补充、互相依存的，从而在总体上比较全面、合理地体现按劳分配原则。其工资结构为：基本工资＋工龄工资＋考勤＋生活费＋职务岗位工资＋超产奖＋福利＋评优（红包）。

（1）基本工资　基本工资是保障员工在当地维持基本生活与劳动能力再生（或更新）所需要的费用。只要员工遵守规则在岗工作并完成基本任务，就可以享受基本工资待遇。制定基本工资的方法有两种，一种是不分职务、岗位、层次级别，所有员工统一领取相同数额的基本工资；另一种是以员工本人原来的标准为基数，按相同的比例（占工资总额的比例）计算基本工资，由于员工各人原来的标准基数不同，计算出来的基本工资也就有高有低，参差不齐。

基本工资是员工的基本保障，要让员吃上定心丸的效果，让员工觉得不管猪场效益如何，安心在这里做至少能养家糊口，同时也在猪场可以承受的范围，可以根据当地的工资水平和猪场效益来定。例如，某商品猪场在某一年核定工资如下：所有人员试用期800元，1～3个月试用期后签正式劳动合同，配种员1300元，副配手1000元，产房车间主任1100元，保育、育肥主任1100元，妊娠母猪饲养员1000元，空怀母猪及公猪饲养员800元、产房饲养员900元、保育猪饲养员900元、育肥猪饲养员900元、消毒人员800元、炊事员900元。基本工资每月按时发放。

（2）**工龄工资** 工龄工资是按照员工工作多少年来计算的工资单元，工龄越长则工龄工资越多。它承认和鼓励员工在以往岁月里的劳动贡献。工龄工资既可以适当补偿员工以往的工龄消耗，又可以激励员工爱岗敬业，提高员工队伍凝聚力。技术人员满1年基本工资加120元，饲养员满1年基本加60元，每年累加。

（3）**考勤** 法定节假日双倍工资，每位员工每年有7天年假，直系亲属婚丧嫁娶有休假，不扣工资，介于猪场工作环境特殊，一般是集中休假，每个月员工有4天休假，不休息则技术员每天补80元，饲养员每天补50元（平均日资），超休1天技术员扣100元，饲养员扣50元，迟到早退第一次口头警告，第二次每次扣20元，3次按旷工处理。

（4）**生活费** 生活费可根据当地的水平而定，一般猪场伙食费标准为250元左右，多退少补，伙食水平由全体员工共同商议而定，猪肉算成本价，每逢传统节日和员工生日，伙食费用由猪场承担。猪场生活一定要搞好，伙食对员工工作情绪影响很大。

（5）**职务岗位工资** 职务岗位工资单元是结构工资的主体

部分，在结构工资总额所占的比例最大，是按不同职务岗位、职责、职权、劳动条件及繁重程度等因素综合确定的工资单元，与员工的技术职称、资格完全脱钩，比较合理地体现劳动等级差别。职务岗位工资随着员工职务岗位的变动而改变，体现以岗定薪，岗变则薪亦变。因此，制定职务岗位工资单元，不仅可以体现不同职务岗位的劳动差别，还可以激励员工认真规划职业人生，刻苦学习、研究、创新，努力提高业务技术水平，从而有效提高员工队伍的科技素质。

　　由场长对以上基本操作进行各车间评估，主要包括：饲养操作(定时、定量、定餐、暴力虐猪)、护理(保暖、防压、垫板、阉割、补料)、浪费情况(水、电、饲料、饭菜)、环境卫生(走道、绿化带、饲槽、通风、温度、湿度、消毒)、纪律素质(文明守时、承诺兑现、配合协助、爱护财物)等，制定职务岗位工资考核评分标准，按照最终考核成绩发放职务岗位工资，可参考如下办法：

　　①猪场场长（含生产场长）职务岗位工资　设定岗位考核工资，实行百分制评分，依据每月生产成绩考核兑现1次。

职务岗位工资＝岗位考核工资×考核分÷100

　　评分标准为净产量（年上市目标÷52×当月周数）25分；全程料肉比25分；哺乳到育肥死淘率25分；生产直接费用（资产维修费、水电费、治疗费、低值易耗品、工资）不超标15分；保健药物费用不超标10分；生产报表统计及时准确性（扣分项）。

　　②组长、主配职务岗位工资　设定岗位考核工资，实行百分制评分，根据生产成绩（80分）、重要事项（20分）两部分进行考核记分。

　　育肥组长职务岗位工资：按饲养员批次进行考核纪录，依据每月生产成绩考核兑现1次。

职务岗位工资＝岗位考核工资×考核分÷100

料肉比 2.7 记 40 分，每增、减 0.1 个点减、加 2 分；100 千克上市猪正品率 96% 记 40 分，每增、减 0.1 个百分点加、减 1 分；重要事项 20 分：保健防治 5 分，监督检查 5 分，管理报表 5 分，日常安排 5 分，由区长评分，场长综合平衡决定。

保育组长职务岗位工资：按饲养员批次进行考核纪录，依据每月生产成绩考核兑现 1 次。

职务岗位工资＝岗位考核工资×考核分÷100

料肉比（25～56 日龄保育猪）40 分，料肉比均正品率 96% 记 40 分，每增、减 0.1 个百分点加、减 1 分；重要事项 20 分。

分娩组长职务岗位工资：按饲养员批次进行考核纪录，依据每月生产成绩考核兑现 1 次。

职务岗位工资＝岗位考核工资×考核分÷100

窝平均胎断奶仔数 9.3 头记 40 分，每增、减 0.1 个点加、减 2 分；断奶母猪 10 天内发情率 90% 记 40 分，每增、减 0.1 个点加、减 1 分；重要事项 20 分。

③配种员职务岗位工资 按月滚动进行考核记录，依据每月生产成绩考核兑现 1 次。

职务岗位工资＝岗位考核工资×考核分÷100

胎窝平均胎产总仔数 11.5 头记 40 分，每增、减 0.1 个点加、减 2 分；配种分娩率 85% 记 40 分，每增、减 0.2 个点加、减 1 分；重要事项 20 分。

④饲养员职务岗位工资 根据饲养量（30 分）、生产成绩（50 分）、重要事项（20 分）3 部分进行记分考核。

育肥猪饲养员职务岗位工资：技术人员按成活率、料肉比、后备种猪选留率（后备场）进行考核，设定最低点，每增加1个点激励机制上升1个层次。按饲养批次（120天）进行考核，设定批次考核工资，当批兑现。

$$职务岗位工资 = 考核工资 × 考核分 ÷ 100$$

育肥猪标准饲养量为400头记30分，饲养量每增加20头记分增加1.5分，每减少20头饲养量记分减少1.5分；60千克以下成活率为97%记20分，每增减0.1个百分点记分增减1分，60千克以上成活率为99.5%记分为15分，每增减0.1个百点增减1分；100千克出售正品率为97%记分15，每增减0.2个百分点记分增减1分；重要事项20，由组长评分，区长综合平衡决定（下同）：操作规程5分、卫生防疫5分、标准饲喂5分、日常安排（5分）。

保育猪饲养员职务岗位工资：这阶段主要考核成活率、料肉比及残次比率，生产考核时设定最低点，按照递增百分比和料肉比降低比例进行考核。每递增一个点，奖励相应比率的绩效工资。按饲养批次（40天）进行考核，设定批次考核工资，当批兑现。

$$职务岗位工资 = 考核工资 × 考核分 ÷ 100$$

保育猪标准饲养量为700头记30分，饲养量每增加30头饲养量记分增加1分，饲养量每增减30头饲养量记分增减1分；保育猪日增重为450克记分20分，每增减5克记分增减1分；保育舍成活率96%记30分，每增减0.1个百分点加减1分；重要事项20分。

分娩舍饲养员职务岗位工资：在制定产房的考核指标时，转出各个仔猪头数可作为一项指标，另外要对产房成活率进行考核，这与猪场每个环节都息息相关，一个环节做不好，将直接影响下一阶段的成绩，所以产房的考核（转出合格仔猪的头数）也应建立在完善的配怀阶段考核之上（产仔头数、初生重）。另外，除阶段生产指标外，重要的是要有结果考核，即每年场区年终提供出栏猪头数，要保证全年的出栏头数，就需每个阶段技术人员尽心尽力管理操作。按饲养批次（40天）进行考核，设定批次考核工资，当批兑现。

职务岗位工资＝考核工资×考核分÷100

哺乳仔猪标准饲养量为40窝记30分，饲养量每减少1头哺乳母猪饲养量记分减少1分；批次个体转栏均重7.0千克记20分，每增减0.1千克记分增减2分；成活率96％记分为15分，每增减0.1个百分点加减1分；断奶母猪10天内发情率90％记15分，每增减0.1个百分点加减1分；重要事项20分。

夜班人员职务岗位工资：按饲养批次（40天）进行考核，设定批次考核工资，当批兑现。

职务岗位工资＝考核工资×考核分÷100

压死仔猪数得分：每年10月到次年4月，仔猪压死数以单个单元仔猪存栏数的6‰记60分，每年5～9月份，仔猪压死数以单个单元仔猪存栏的8‰记60分，重点事项40分，包括：夜班是否在岗、环境控制、接产操作和及时性、相关记录是否完善等方面。

配怀舍饲养员职务岗位工资：因为配种、妊娠阶段是一个连续性的生产环节，母猪在配种后单纯按照返情比例或产仔数考核可能存在偏差，不能全面显现生产成绩，配种与妊娠适合放在一起进行考核，以配种分娩率与产仔头数和仔猪初生重（初生重要设定上限）划一个最低点，每增加1个点奖励工资上升一个层次，低于最低点，无此项考核工资。按月滚动进行考核，设定岗位考核工资，实行百分制评分。

职务岗位工资＝岗位考核工资×考核分÷100

配怀前期，标准饲养量 220 头，记 15 分，饲养量每减少 20 头饲养量记分减少 1 分；配怀后期饲养量为 180 头，记 15 分，每减少 15 头饲养量记分减少 1 分；初生重 20 分，由分娩舍副组长记录日报，当月平均初生仔猪重 1.4 千克，每增减 0.1 千克记分加减 1 分；产合格仔 30 分，由分娩组长记录日报，窝平均产合格仔 9.8 头，每增减 0.1 个点加减 1 分；重要事项 20 分。

公猪饲养员职务岗位工资：技术人员按提供合格精液份数与母猪平均产仔头数进行考核，提供一份合格的精液作为基础的考核项目，母猪平均产仔头数制定最低点，母猪平均产仔数每增加 0.1 个点，职务岗位工资上升一个层次。由于配种分娩率和产仔头数受季节、外界温度因素影响，所以猪场应制订针对不同月份（划分为 1～7 月份与 8～12 月份）的不同配种分娩率和产仔头数指标。按月进行考核，设定岗位考核工资，当月兑现。

职务岗位工资＝岗位考核工资×考核分÷100

标准饲养量为 25 头记 30 分，饲养量每减少 1 头饲养量记分减少 1 分；公猪合格利用率 80% 记 30 分，每增减 0.1 个百分点加减 1 分；胎窝平均胎产总仔数 11 头记 25 分，每增减 0.1 个点加减 2 分；非正常淘汰，1 头公猪当月扣 10 分；重要事项 20 分。

(6) **奖励工资**　奖励工资是根据规模猪场整体生产经营效益和员工个人劳动业绩来确定的工资单元。在数量上，它奖励员工的超额产量（也称超额劳动）。在质量上，它奖励员工获得明显突破标准技术参数的佳绩或提出了很有价值的建议等。因此，奖励工资单元可以灵敏地反映员工劳动贡献的差别，起到激励作用。此外，还可以根据规模猪场经营战略重点的需要，奖励为实现规模猪场经营战略重点做出突出贡献的员工，以发挥行为导向作用，带动整体，发展生产，提高生产效率。

①场长年度超产奖　场长年度考核方案：净产量（净产量＝

销售合格头数＋自留后备种猪头数＋存栏增减）达成90%，超奖少罚（奖多罚少）；每头母猪年提供育成头数（母猪年提供育成头数＝净产量/年实际饲养母猪头数）达X头，多1头奖A元，少1头罚a元（基础生产母猪群的存栏量按猪场的设计存栏量允许上下浮动5%）；基于成本的利润考核不亏本，考核利润的超额部分的10%奖给场长，20%奖给其他员工，如亏损在10万元以上（含10万元）罚2 000元；人员流失率，组长级以上15%以内，大学生留用率50%以上，饲养员20%以内；全年饲养母猪头数平均不低于设计存栏数的95%，少1头罚1 000元。

配套场长按年度工资额的12%作为抵押。每月核算，年终结算，罚金从抵押金中扣除，扣完为止。

②兽医人员超产奖　种公、母猪、育肥猪成活率按99%计算（种公猪、母猪包括非正常淘汰数），每少死1头奖励10元，多死1头罚10元。哺乳仔猪成活率按88%计算，保育猪成活率按96%计算，少死1头奖励2.5元，多死1头罚款2.5元。生长猪成活率按照99%计算，少死1头奖励5元，多死1头罚5元。死猪外扔，发现1次罚10元。

③配种员超产奖　生产指标为分娩率86%，平均窝产仔数为10头。初生重0.8千克以上算健仔，作为考核成绩，分娩率每超1%奖100元，分娩率每下降1%扣100元；平均窝产仔数每超过0.1%奖40元，每下降0.1%扣40元。

④妊娠饲养员超产奖　当月母猪无死亡奖50元，若死亡1头扣50元；仔猪初生重平均达到1.4～1.6千克/头奖100元。

⑤产房饲养员超产奖　母猪死亡率为0.3%，超过扣100元，没超过奖100元（按母猪总存栏计算）；母猪炎症状控制在5%以内，每超过1头扣30元（以上月断奶母猪头数计算）。断奶窝平均健仔9.5头，每超过1头奖20元；育成率每提高1%，奖励100元。

⑥保育和肥猪饲养员超产奖　保育成活率生产指标定为

96%，育肥生产指标定为98%，保育育肥饲养员成活率每超1个点奖200元，奖金按存栏量计算，保育70日达23千克以上奖100元，育肥每批饲养100天出栏猪平均体重达100千克以上奖100元。

在生产顺利的情况下绩效考核才有意义，生产不顺则各车间奖金有所不同，对员工心理有负面影响，生产成绩很差的车间员工会消极，如果猪场有保底工资，超产奖可以每季度或半年根据成绩综合核算。如果一个月一核算有可能当月超产奖很高，而下一个月又很差，公司很难承受。核算综合成绩对公司及员工都很公平，实践证明按季度核算比较合适，育肥车间出栏一批猪后核算比较合适。发奖金的时候可以给平时表现优秀但生产不顺的车间员工一定的鼓励奖，这样不会影响员工工作积极性。

（7）**福利、评优**　福利包括劳保用品、生日礼品、节假日礼品、社保、体检、轮换组织旅游、培训等。评优每季度、半年、年度总结会上发红包，根据业绩及猪场效益而定。

猪场经营状况良好，如果要扩建新场，精明的老板不妨拉员工入股，入股条件必须是工作1年以上，技术骨干自己出一部分资金，公司为员工出一部分资金作为原始股权，这样利益关系紧紧捆绑在一起，每一个入股员工就是股东，猪场管理水平又上一个新台阶。

（三）签订猪场员工岗位劳动合同

各岗位劳动合同的签订如案例2。

[案例2] 1000头规模猪场拟定各岗位劳务合同

（一）场长聘用合同

甲方（招聘方）：　　　　　乙方（受聘方）：

甲乙双方根据国家有关法规，本着自愿平等的原则签订本合同：

1.合同期限

（1）合同有效期限为××年。自××××年××月××日起至××××年××月××日止。合同期满，聘用关系自然终止。

（2）聘用合同期满1个月，经双方协商同意，可续签聘用合同。

（3）甲乙双方若有一方不愿再续签合同，应在合同期满前1个月书面通知对方。

2.工作岗位

甲方聘请乙方为××公司猪场的场长，月薪××××元。

3.乙方职责

（1）任务目标

①基础母猪850头，基础公猪20头。后备母猪150头，全年至少产仔200窝。

②年预期配种数不应低于2 004头，产仔1 764窝，月平均配种167窝。

③受胎分娩率为86%，窝平均产活仔9.6头，年产活仔16 944头，仔猪的育成率为95%，保育猪育成率97%，肥猪育成率98%，3项月平均育成率必须达到96%。

④因不可抗拒的自然灾害造成以上各项指标难以完成除外。

（2）绩效考核（分为每月考核和全年考核）

每月考核目标：（以下考核指标均以日志表数据为依据，需完成目标的75%以上，按每项100%计奖。若完成目标在50%～74%，按完成该目标比例计奖。目标低于50%不计奖）。

①配种数达到167窝，超额完成部分转入下月计算，完成奖励××元。

②受胎分娩率达到86%，奖励××元。

③窝产活仔数达到9.6/窝，奖励××元。

④仔猪初生均重达到1.5千克/头，奖励××元。

⑤20日龄均重达到5.5千克/头，奖励××元。

⑥仔猪育成率95%（100%－死亡数÷产活仔数×100%），完成奖励××元。

⑦保育猪育成率97%（100%－死亡数÷月平均存栏数×100%），完成奖励××元。

⑧保育猪饲养到70日龄头平均重达到25千克/头，完成奖励××元。

⑨肥猪的育成率为每月98%（100%－死亡数÷月平均存栏数×100%），淘汰率2%，合计死淘率4%，完成奖励××元。

⑩全场总育成率≥96%，淘汰率≤2%，合计死淘率6%，完成奖励××元。

⑪生产种猪月死亡率控制在3‰以内，奖励××元。

⑫生产种猪的淘汰率控制在2.5%以内，完成奖励××元。

⑬日志表的误差率控制在2‰以内（盘存数÷当天日志表数×100%，其中生产种猪要求无误差，当月存栏数误差率为2‰），完成奖励××元。

⑭对于完不成目标的，每项给予同等奖励的处罚。

（3）全年考核目标

若以下指标全部完成年终奖××××元，年出栏头数每增加3%奖励××元。

①生产指标完成100%以上。

②无重大疫情的发生。

③猪群动保开支（包括针剂、粉剂、疫苗、消毒剂）控制在平均60元/头以内（以年出栏数计算）。

④生产人员的安全和财产无重大损失。

⑤各种杂费的开支（水、电、生产工具、娱乐费用、生活费用）控制在30万元。

⑥若场内发生重大疫情，造成重大损失的，连续4个月只

发放基本工资。

4.聘用合同的变更、终止和解除

聘用合同期满或者双方约定的合同终止条件出现时，聘用合同自行终止，在聘用期满1个月前，经双方同意，可续签聘用合同。

（1）乙方有下列情况之一的，甲方可以解除聘用合同；

①正常条件下，连续3个月未完成甲方职责中生产目标的75%的。

②严重失职，营私舞弊给公司利益造成重大损失的。

③被依法追究刑事责任的。

（2）有下列情况之一的，甲方可以解除合同，但应提前30天以书面形式通知乙方：

①乙方患病或因工伤治疗期满后，不能从事原工作的，也不愿从事甲方另行安排适当工作的。

②乙方不能胜任工作，经培训或者调整工作岗位后仍不能胜任工作的。

③聘用合同所订立依据客观情况发生变化，致使已签订的合同无法履行，经当事人协商不能就变更聘用合同达成协议的。

④乙方不履行聘用合同的。

（3）甲方有下列情况之一的乙方可以解除合同：

①甲方不能保证养猪生产资金的正常运转而影响生产任务的完成。

②人为因素影响场生产技术措施的实施的。

③甲方不能以任何原因和理由不执行合同内规定的工资报酬和年度奖励工资。

5.违反和解除合同的经济补偿

（1）经甲乙双方协商一致，由甲方解除聘用合同的。

（2）乙方不能胜任工作，或经培训及调整工作岗位仍不能胜任工作的。

（3）聘用合同订立时所依据的客观情况发生重大变化，致使本合同无法履行，经甲乙双方协商无法就变更合同达成协议，由甲方解除合同的。

（4）甲方单位被撤销的。

（5）聘用合同期内，乙方要求解除合同，应提前30天通知甲方。否则，必须支付当月工资给甲方作为违约金。

6. 其他事项

（1）甲乙双方因实施本合同发生人事争议，按法律规定，先申请仲裁，对仲裁不服，可向人民法院提起诉讼。

（2）本合同一式三份，甲方两份，乙方一份，经甲乙双方签字后有效。

甲方（签字或盖章）：　　　　　乙方（签字）：

日期：××××年××月××日

（二）生产岗位合同

（以下场方简称甲方，统计员、配种员、产仔车间主任岗位、肥猪舍主管技术人员岗位、饲料加工及仓库人员岗位、专职水电及维修人员岗位、母猪饲养员岗位、公猪饲养员岗位、保育饲养员岗位、育肥猪饲养员岗位统统简称乙方）

第一条　公共部分

为了规范管理和明确双方的责、权、利关系，现对该岗位人员签订岗位合同如下：

1. 乙方必须服从场长的管理和劳动分配，遵守劳动纪律，执行规定以《员工手册》为准。

2. 甲方要求乙方在完成以上生产任务的前提下（以每月综合奖金为参考依据），每月另设300元生产技术操作规程综合考核奖金，由场长或场委会每天进行检查评估，对工作不满意的给予相应的处罚，直到扣完为止。该奖项以月为单位，中途离场一律不予计奖。连续3个月不及格者，需解除劳动关系。

3. 乙方有参与优秀员工评定的权利。

4. 甲方发给乙方每月基本工资×××元。并每月在基本工资的基础上增加10元，合同期满，一次性发放，连续补发3年。若中途中止合同，该项不再发放。

5. 乙方每月有2天的休假，如果不休假，每天给予100元的补偿。如果超休1天，每天扣当月工资100元。直系亲属的婚丧嫁娶另外补假3天。乙方在甲方工作满1年，年累计休假≤19天，在不影响工作的情况下，可一次性休假7天。

乙方违反操作规程造成意外伤害的要承担80%责任。

6. 若乙方提出辞职，必须提前1个月向甲方以书面形式提出，经甲方同意后才能离岗，否则扣除当月工资和奖金作为补偿。

7. 乙方应积极参加集体劳动，爱护公共财物，有防火、防盗的义务。

8. 本合同暂签1年，乙方中途不离职，尽职尽责工作，甲方保证乙方每年2万元的收入，1年期满，工资额不足2万元，差额一次性补发，超产奖每3个月综合核算。本合同一式两份，甲乙两方各一份，从签字之日起生效，望双方共同遵守。

第二条 专业分工部分

1. 统计员岗位

（1）乙方负责全场的原材料和药品的入库和出库的记录工作，按品种摆放整齐，坚决执行先进先用的原则。有计划地发放各种原材料和药品，每月合理制定采购计划。协助场长做好全场数据统计工作，真实反映全场的生产数据及日志表的管理，及时分析各单位的生产情况，为场长指导生产提供有力的依据。

（2）乙方的生产任务与考核目标

（3）对原料、药品、疫苗的签收工作的考核

①对大宗原料如玉米、豆粕、麸皮入库进行3%抽包、称

重，严把质量关。入库单必须有仓库加工员、场长、统计员的签字，违反1次罚款20元。

②成品饲料、药品、疫苗入库要看清批号、生产有效期、保质期。凡违反公司规定保质期的饲料、药品、疫苗应及时向场长汇报或向公司主管负责人汇报，等到处理结果后才能入库，违反1次罚款20元。

（4）对原料、药品、疫苗的入库、领用电子表格记录工作的考核：

①药品每周一以电子表格的形式将明细及汇总传真到公司，最终保证月底盘点时出库与各车间领用数量相一致（以公司财务人员盘点为准），出现误差罚款30元；

②每周日及时将饲料计划传真到场长，所有进、出场货物的票据一律在事后48小时内传真到场长，违反1次罚款20元。

（5）每月28号对全场猪群、原料、药品、疫苗做一次认真的盘点。记录盘点数并填入表格，于29号中午前传到公司，便于财务核算，违反1次罚款20元。

（6）对销售猪的管理

①对场里每一头猪的出售、淘汰、死亡当天都要在日志上准确记录，并统一上报场长，漏报1次罚款20元；

②对出售的各类猪都应过磅称重，填好磅单保证其准确性，违反1次罚款30元；

③在开出库单时，严格按照猪群月报的分类填报：如8～20千克为小猪，21～60千克为中猪，61千克以上的为肥猪；违反1次罚款10元。

（7）日志表的管理

①每天上午10时以前将场里的生产日志传真到场长，若停电不能及时发送的，可电话沟通，违反1次罚款10元；

②日志要与前一天核对原存栏相符，保证日志数据的衔接

及准确性，误差 1 次罚款 10 元；

③报表里反映的销售、淘汰、死亡、产活仔 / 窝数，要与当月日志汇总数相符，违反 1 次罚款 10 元；

④每天检查日志的时候，注意配种员关于流产、返情、空怀猪的品种、配期、与配公猪、预产期、产仔胎次及其发生原因是否注明，表格跟踪确定所报查情猪的准确性，违反 1 次罚款 20 元。

（8）猪群免疫工作的管理考核

①根据猪场规定的免疫程序，做好各类猪群电子档案的免疫计划与实施工作，统一电子档案管理，主管负责人将不定期进行抽查，对不符合免疫计划要求的罚款 20 元，并要求立即改进。

②严格按照免疫计划规定的时间进行免疫接种，特殊情况需要提前或延期免疫的必须得到场长的批准，并做好电子档案记录，否则罚款 50 元。

③每次疫苗用量的误差率≤ 15%，以表格形式传真到财务，财务按实际用量与出库领用量进行核实，凡超过规定 1 次罚款 20 元。

④猪场每 2～3 个月对免疫过的猪群进行血清学检测，要求合格率≥ 85%，达不到罚款 50 元。

（9）对仔猪称重的考核 每月初生仔猪均重的抽查要及时，对被抽称过的、做了记号的猪不得调栏，下床转栏时要做好去向记录（对不知去向的猪群承担相应责任并直接考核场长为不合格），违反 1 次罚款 20 元。

（10）对育种软件的管理 做好各类猪群档案的记录与输入、销号等工作，统一档案管理，主管负责人将不定期进行抽查，对不符合要求的罚款 20 元，并要求立即改进。

2. 配种人员岗位

（1）乙方负责全场母猪的查情、配种工作，必须按照甲方规定的生产流程来执行操作。

（2）第一季度预期配种180头，第二季度预期配种220头，第三季度预期配种200头，第四季度预期配种200头，超额完成部分转入下季度计算。受胎率85%，窝平均产仔9.8（10.0）头。达到预期目标，配种数奖150元，受胎率奖50（200）元，产仔数奖50（100）元（配种数、受胎率、产仔数）。受胎率每超过预期目标0.1%，奖励10（30）元；窝平均产仔数每超过预期目标0.1头，奖励40元。对完不成生产目标，受胎分娩率每下降0.1%扣当月奖金10元，产仔数每下降0.1头扣当月奖金20元，配种数每下降1头扣当月奖金10元。

（3）认真做好配种记录，甲方对乙方日志表的原始记录存档。对母猪空怀期超过90天而没有被发现的，每头扣发工资50元；对返情母猪空怀期超过60天而没有被及时发现的和母猪返情、流产、淘汰、配种、产仔无记录的，每头扣发工资30元。

（4）对空怀母猪淘汰后，发现有胎儿又没有说明原因的，扣乙方当月工资200元／头，并在甲方例会上做深刻检讨。

（5）认真做好日志表的填写工作，各项指标奖罚依据以日志表数据为准，对日志表每月发生错误达到2次以上者，扣当月工资50元。对做虚假报表的，扣当月工资100元。

3. 产仔车间主任岗位

（1）负责300～330头生产母猪和90～150头后备母猪的生产工作，仔猪的综合育成率每月95%（育成率＝100%－本月死亡数÷本月出生活仔数×100%）；生产母猪（后备猪）的死亡率为0.3%，达到预期目标的，每项奖励100元（仔猪育成率、母猪死亡率），完不成生产目标的，每项扣当月奖金100元。仔猪育成率每增加0.1%，奖励30元。

（2）协助配种员搞好所管辖生产母猪的查情工作，甲方对乙方日志表的原始记录存档，对空怀母猪超过90天、返情（空怀）母猪超过 60 天而没有被及时发现的，空怀母猪（≥ 90 天）扣当月奖金 50 元 / 头，返情、空怀（≥ 60 天）扣当月奖金 20 元 / 头。对认为是空怀母猪淘汰后却发现有胎儿的，扣乙方当月工资 100 元 / 头。断奶后的母猪炎症控制在 5% 以内，每超过 1 头扣当月奖金 30 元。

（3）认真做好日志表的填写工作，各项指标奖罚依据以日志表数据为准，对日志表每月发生错误达到 2 次以上者，扣当月工资 50 元。对出生、转群、销售、淘汰、死亡没有在当天日志表填写的，扣当月工资 50 元；甲方财务抽查，发现总存栏与当天日志表不相符的扣当月工资 100 元。

每次猪群免疫时，疫苗的浪费比例控制在 15% 以内，每超过 1 次扣当月奖金 20 元，以此类推，以日志表为准。

4.肥猪舍主管技术人员岗位

（1）负责肥猪舍、生长种猪舍的管理，以及免疫接种等技术工作。每月育成率为 98%（育成率＝100% - 本月死亡数÷本月月均存栏数× 100%），淘汰率 2%（转入隔离舍的猪只按场内部打折规定计算）。合计死淘率 4%，死淘率每降低 0.1%，奖励 40 元。

（2）每次猪群免疫时，疫苗的浪费比例控制在 15% 以内，每超过 1 次扣当月奖金 20 元，以此类推，以日志表为准。

（3）认真做好日志表的填写工作，各项指标奖罚依据以日志表数据为准，对日志表每月发生错误达到 2 次以上者，扣当月工资 50 元。对出生、转群、销售、淘汰、死亡没有在当天日志表填写的，扣当月工资 50 元；公司财务抽查，发现总存栏与当天日志表不相符的扣当月工资 100 元。

5.饲料加工（仓库）人员岗位

（1）饲料加工厂定主管 1 人，助手 1 人，负责全场的饲料加工及相关工作。

（2）加工人员必须严格加工程序，准确无误按配方（药品添加）组织生产，满足场内猪群生产需求：每种原料严格按饲料配方进行领用加工。按需发放加工好的饲料。每天喂料进出数量及时登记，不允许有误差。发现盘点或抽查大宗原料误差≥1%（如玉米、麸皮）每种1次每种饲料的误差扣当月奖金100元、助手50元；颗粒料、预混料、鱼粉、豆粕不允许有误差，若发现1次每种饲料的误差扣当月奖金100元、助手50元（以包计算）。每个月底对原料的消耗进行核算（上月库存＋本月购进－本月加工＝本月库存），允许有1%的加工误差，若违反加工程序造成原料的消耗与配方不相符的扣当月奖金100元、助手50元。

（3）做好进库原材料的存放工作，必须按品种停放整齐，对所进原材料一定按先进先用的原则。

（4）定期对机械检查和维修，确保人身安全，设备不损失，饲料不浪费。若违反操作规程给予主管100元、助手50元的处罚。

6. 专职水电（维修）人员岗位

（1）乙方负责场内的生产设备、水电设施的正常使用，并定期进行检查和保养，对于需要维护和修理的设施、设备要积极进行维修。

（2）当场内发生紧急水电故障时，在接到通知后必须在30分钟内到现场解决，如有延迟扣100元；常规水电及其他机械维修在接到通知后必须在2小时内到现场并解决，超过24小时不能解决的扣50元。

7. 母猪饲养员岗位

（1）乙方工作量为饲养母猪120～130头，负责母猪的空怀、配种、妊娠、产仔、哺乳等饲养管理工作。交健仔数每窝9.0（9.3）头，每超过1头奖40（25）元。育成率95%，成活率每提高0.1%，奖励10元（产仔数低于9.5头，才能执行95%的成活率奖）；每下降0.1%，扣除当月奖金的10元。早产提前预产期6

天以上，不记窝平产仔。

（2）仔猪必须在产床饲养21～28天，上交健康仔猪必须头平达6～7千克，最小体重不低于5千克，仔猪超过28天必须断奶到保育舍，小于5千克/头、大于4千克/头打折处理，小于4千克/头不计头数。

（3）加强对母猪的饲养管理，严格按操作规程进行饲喂，如饲养母猪当月无死亡，每人奖励50元。若每死亡1头，扣除每人当月奖金50元，依此类推。

（4）乙方在母猪产仔或哺乳期间自动离职，不予计算该批奖金，若该岗位调动中途换人，前期饲养（接产）占该批奖金的60%，后期饲养（哺乳）人员占奖金的40%。

8. 公猪饲养员岗位

（1）乙方的工作量为饲养公猪20～30头，后备猪100～150头。后备猪每死亡1头，扣当月奖金50元/头；若无死亡，奖励100元；公猪每死亡1头，扣当月奖金100元。

（2）乙方应经常赶公猪到活动场活动，每天应不低于1次，除恶劣天气以外。

9. 保育饲养员岗位

（1）乙方的工作量为月均饲养断奶仔猪500头/人，每月多饲养1头补助2元。当月饲养量低于60%不计当月考核奖金，只发基本工资；当月饲养量在60%～70%给当月考核奖金的50%，当月饲养量在71%～80%给当月考核奖金的70%，当月饲养量在81%～90%给当月考核奖金的90%，当月饲养量在90%以上给予当月考核全额奖金（饲养量按月均存栏计算）。

（2）仔猪饲养时间40日龄平均体重≥10千克，饲养60日龄平均重≥19千克，以公司财务抽查为准，达到每项奖50元，完不成每项扣当月奖金50元。在饲养过程中若发生饲养、转群混乱而无法统计考核的，将直接考核不达标（不按换料流程，浪费饲料，按超过部分金额的5%扣发当月奖金)。

（3）甲方将健康的仔猪交给乙方饲养，乙方必须加强饲养管理，精心护理，其育成率为98%（育成率＝100%－本月死亡数÷本月月均存栏数×100%），淘汰率1%（转入隔离舍的猪只按场内部打折规定计算）。合计死淘率3%。若死淘率每降低0.1%，则甲方奖励乙方20元。

10. 育肥猪饲养员岗位

（1）乙方的工作量为月均饲养量450头，每月多饲养1头补助3元。当月饲养量低于60%不计该奖，只发基本工资；当月饲养量在60%～70%给当月考核奖金的50%，当月饲养量在71%～80%给当月考核奖金的70%，当月饲养量在81%～90%给当月考核奖金的90%，当月饲养量在90%以上给予当月考核全额奖金（饲养量按月均存栏计算）。

（2）甲方将健康的种用猪、育肥猪、后备猪分别交给乙方饲养。乙方必须严格按照操作规程进行饲养（操作规程见附页），日增重必须达到600克以上。其育成率为99%，淘汰率1%（转入隔离舍的猪只按场内部打折规定计算），合计死淘率2%。若死淘率每降低0.1%，则甲方奖励乙方20元。

甲方代表签字：　　　　　　乙方代表签字：

日期：××××年××月××日

第三章
猪群生产数据管理

一、猪场常用数据

（一）种猪档案数据

种猪基本数据信息包括场名、耳号、猪号、胎次、性别、品种品系、父号、母号、猪的类别、产地、出生日期、入种群日期、在群否等必填项目；除此之外，还可以录入其他相关信息，如猪舍编号、舍号、近交系数、饲养员、责任兽医等。

母猪配种记录数据主要包括：场名、猪舍号、猪号、耳号、配种胎次、配种时间、本胎配种次数、配种方式、第一次配种的公猪号、第一次配种时间以及多次配种信息等；另外，还可以录入配种员、记录人信息等。

母猪孕检记录数据主要包括：场名、猪舍号、猪号、耳号、配种胎次、配种日期、第一次孕检时间、第二次孕检时间等信息。

母猪产仔记录数据主要包括：场名、猪舍号、猪号、耳号、

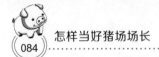

胎次、配种日期、与配公猪号、预产期、窝编号、产仔日期、妊娠天数、产仔数、死胎数、木乃伊胎数、活仔数、畸形个数、弱仔数、出生窝重（千克）、初生平均重（千克）等。

（二）日常生产数据

公猪：采精及精液配制。

母猪：后备母猪发情、配种、分娩、断奶、返情、流产、空怀、淘汰、死亡。

肉猪：转群、死亡、淘汰、销售。

（三）物资相关数据

包括饲料、药品及易耗品的采购入库、出库相关信息。

二、数据管理方式

（一）手工管理

小规模猪场（低于 200 头母猪）采用的管理方式。此类猪场母猪存栏少，员工操作电子计算机的能力有限，数据主要记录在母猪档案卡上或墙上，包括配种、返情、流产、分娩等信息，主要用于当前生产管理的实时指导，几乎未能发挥数据的积累及统计分析的价值。

（二）EXCEL 管理

数据管理的目的不仅仅是统计，更重要的是分析，发现生产上存在的问题并及时解决。Excel 是一个电子表格软件，可以用来完成许多复杂的数据运算，进行数据的分析和预测，并且具有强大的制作图表的功能。是中等规模猪场（200～1 000 头母猪）普遍采用的数据管理方式，对人员使用电子计算机的要求较高，同时还要有养猪专业知识作为基础。通过对采集的基础数据整理加工，计算一些指标，如存栏、分娩率、成活率等，制作周报表及月报表。

（三）其他软件管理

随着近年来生猪养殖业的快速发展，计算机技术在规模化猪场中的应用也得以广泛传播。传统的手工记录和简单的办公软件只能记录基本报表数据，当数据量增大和一些复杂查询时，这些软件会明显力不从心，不能满足大型规模化种猪场的管理需求，因此迫切需要现代化、信息化、流程化的管理模式。猪场信息化管理系统是解决此问题的关键，而数据库是管理系统的核心部分。因此，可通过使用数据库管理系统软件来实现猪场数据的数字化、信息化管理，从而提高种猪场的生产管理水平和生产信息记录的规范化水平。

软件管理是在养猪生产中常用的一种方式，可在猪场管理中进行猪群的档案管理、报表管理等很多复杂、详细的数据管理。使用计算机软件进行种猪场的生产管理，目的是提高生产繁育管理水平、数据管理的规范化水平，提高猪群的生产性能和经济效益。猪场管理软件的开发大大提高了数据管理效率及其价值。目前，市场上的猪场管理系统比较多，表3-1列举了几种常用的软件及功能比较。

1. 智慧农场－猪场管理系统（MTC）　MTC养猪软件是为养猪企业量身定制的信息化管理平台，可为企业建立起覆盖全方位的养殖生产标准、计划管理、养殖过程管理、财务管理、成本核算、利润分析、供应链管理、业务流程体系及即时的数据统计分析平台。

软件着重于种猪、商品猪养殖企业的管理重点和难点。

表3-1　几种常用猪场管理软件及功能比较表

功能 开发国	智慧 农场 中国	超级 管家 中国	云养殖 中国	Pigchamp 美国	Herdsman 美国	SMS 美国	爱思农 法国	Porcitec 西班牙
存栏报表	√	√	√	√	√	√	√	√
品种结构	√	√	√	√	√	√	√	√
胎龄结构	√	√	√	√	√	√	√	√
状态结构	√							
预估分娩率	√	√	√	√	√	√	√	√
母猪生产效率明细	√		√	√	√	√	√	√
肉猪生产效率明细		√	√	√	√	√	√	√
车间生产效率明细	√							
财务报表		√	√	√	√	√	√	√
产仔数分析	√		√	√	√	√	√	√
非生产天数分析	√		√	√	√	√	√	√
WSI分析	√	√	√	√	√	√	√	√
Benchmarking			√	√	√	√	√	√
待配母猪查询	√	√	√	√	√	√	√	√
临产母猪查询	√	√	√	√	√	√	√	√
哺乳母猪查询	√	√	√	√	√	√	√	√
种猪淘汰建议	√	√	√	√	√	√	√	√
免疫提醒	√	√	√	√	√	√	√	√
数据准确性检查	√		√					

（1）一体化管理平台　消除信息孤岛，打通从种猪引种→查情→配种→妊娠→分娩→保育→育肥→上市全过程，实现全业务周期的精细化管理。

（2）计划管理　根据猪只存栏、生长阶段、猪场产能、市场行情等信息，实现引种、查情、配种、妊检、分娩、断奶、转保、育肥、出栏、免疫保健、饲喂等业务计划，自动运算，完善生产过程的良性循环，达到满负荷均衡生产。

（3）生产绩效的管控与分析　对养殖和生产效率进行全方位、多角度的对比分析，为管理者提供决策依据。

（4）成本和利润分析　各个生产环节成本和利润的多维度构成分析及核算体系。

（5）饲料及药品管理　如饲料及药品的基础信息管理、采购计划、库存管理、领用记录、耗用预测及统计等。

（6）标准化管理　执行公司统一生产标准体系文件，基于标准化的程序管理，实现规模养殖管理标准化，支撑企业未来业务规模的不断扩展和管理方式的变革。

（7）生产指标关键点的管控　如配种分娩率、断奶仔猪成活率、保育猪/育肥猪成活率、母猪淘汰率、商品猪正品率、料肉比、PSY等。

（8）第三方系统接口　可接入第三方系统，自动读取农场环控系统及其他自动化生产设备的数据。

2. 猪场超级管家　该软件基于规模化、规范化的现代化养殖模式，通过详细的种猪档案、生产记录、发病记录、免疫记录等信息的录入，可有效管理种猪档案，自动生成生产提示、生产分析、销售分析、疾病分析等，可自动生成各类生产、销售、分析报表，并具有兽医管理、场长查询、仓库管理等功能。

用于种猪档案资料管理，种猪、商品猪各阶段生产管理，免疫管理，疾病统计分析，饲料管理，药品管理，易耗品管理，生产提示，信息查询，生产报表，生产分析，图形分析；哺乳仔猪查询、猪场经济效益分析，使得猪场每个月、每年的销售收入、生产总成本、饲料成本、药品成本、疫苗成本、易耗品成本、毛利等一目了然。

3."云养殖"养殖管理软件 "云养殖"是由新希望六和科学家团队，在云技术平台上开发的一套规模猪场数据管理系统，是一整套高效养猪的信息化解决方案。它可以规范猪场的生产管理、物资管理和财务管理；通过生产报表、指标分析，指导猪场持续提高生产效率，优化猪场的经营决策，协助猪场整合整个农牧产业链上的各种资源，提升规模化猪场的"造血"能力。

4. Herdsman 养猪软件 Herdsman 2000 生产管理和遗传育种评估软件系统，是为商品猪场和种猪场设计的生产记录系统，用于帮助提高猪场的管理水平，由美国畜牧管理系统的程序开发商研制。Herdsman 软件可生成 100 多张报表和 20 种图表以及 8 项任务列表，包括配种、分娩、断奶、淘汰、妊娠检查、发情、仔猪断奶前死亡、保育 / 生长 / 育肥数据等各项记录的输入。可用于日常管理、提供猪群实际生产纪录、帮助猪场发现问题、种猪场优选种猪、及时淘汰生产性能低的种猪等。

5. SMS 猪场软件 SMS 猪场标杆管理系统，是由美国一家公司开发的猪场信息管理系统，该系统通过对不同猪场生产数据的收集，以母猪的生产效率和生产成本为目标分析相关信息，形成猪场的效率和管理报告，反馈给猪场，以促进猪场管理水平的进一步提高。系统可以对单个猪场和整个系统中所有的数据进行特定目的的分析，分析完毕后 SMS 系统将相关信息反馈给猪场，猪场通过比较报告查阅分析，对自己的生产水平进行全面的了解，特别是对弱项的查找和分析，改进差项，提高管理水平。

收集数据范围包括母猪发情、配种、妊娠和产仔，公猪的使用，仔猪的寄养、断奶和各类型猪存活的信息，每个季度将数据通过数据导出工具导出到计算机，然后以邮件的方式发给 SMS 系统，SMS 将收到的数据导入系统进行综合计算和比较，反馈相应的信息。

6.爱思农养猪软件　法国爱思农猪场管理软件是由一个在欧洲专门从事农业、葡萄种植业及相关财会管理的软件开发企业开发。养猪软件包括繁殖版（用于母猪群体的管理）、经理版（用于整个猪场的经营管理）和种猪育种管理版（用于种猪育种及管理）。

7. Porcitec 养猪软件　在养殖场，使用 Porcitec 移动捕获数据。使用条形码或电子识别可节省时间，数据验证避免错误。查找母猪生产成绩，运行检查列表报告，并查看来自其他工人的数据传输更新。通过互联网将可用的数据提供给管理人员和兽医，可以访问报告和分析数据，从网络快速检测问题。可以实时获取数据，并准备运行自定义报告或导出到表格中。运行数据挖掘工具，设计猪场的母猪卡片或其他报告。跟踪动物的历史，饲料和药物的使用；跟踪仓库员工的工作任务等。

三、猪群原始数据的收集与管理

生产基础数据是猪场管理的基石，没有数据就无从谈起管理；生产数据又是猪场数字化、信息化建设的前提和基础；通过数据统计分析，可以帮助管理者找出问题所在。

（一）生产统计数据的作用

准确完整的数据信息可反映猪群的生产情况，对未来的生产工作有着指导性作用；同时，数据管理的另一个重要应用是对生产数据做出偏差分析，发现猪群隐藏的问题，帮助管理者发现问题，及时干预，减少不必要的损失。通过数据库管理种猪繁殖过程数据和模块化的程序设计，实现了包括种猪基本信息、配种数据、妊检数据、产仔数据及商品猪生产数据的智能化管理。结合特定种猪的繁殖参数和用于生产的提示参数设计，实现对种猪繁殖状态的各种智能分析与提醒。包括在线分析指定个体、圈栏、猪舍，甚至繁殖群（场）的平均胎间距、低产母猪群、高产母猪群等，并在线智能提醒配种、临产、分娩、断奶及淘汰的猪只细节。通过对基础过程数据的统计分析，实现对繁殖群体的各种性能参数比较。包括种猪场所有性质猪只的结构分析、母猪结构比例分析、母猪胎次结构分析以及配种、分娩、断奶、喂养及淘汰等各种繁殖与生产性质指标的统计分析。某些统计数据通过线型、二维或三维的可视化图形分析，渲染了统计数据的变化趋势，直观的比较更有助于管理者的判断，并从中做出科学的决策。

生产统计数据分析、生产计划、岗位操作手册、周技术培训例会、现场技术指导和工资计件考核是猪场生产六大管理模块，其中统计数据是生产计划和统筹生产管理的基础，是预测生产结果和监督生产的重要手段，是成本核算和工资计件的依据。通过对统计数据深层次的分析能及早准确地发现生产管理中存在的问题，洞察问题的趋势性和严重程度，从而找到提高生产成绩和经济效益的方法。从某种意义上说，猪场的业绩、效益和利润取决于生产统计体系的建设，以及对数据的准确分析、生产统计和数据分析是猪场生产经营管理的方向盘。

（二）生产数据统计分类

1. 生产数据统计　种猪舍生产记录：母猪试情记录、配种输精记录、公猪采精记录、妊娠检查（B超检测）记录、耗料记录、物料消耗记录（水、电、兽药、低值易耗品）、免疫记录、死淘记录、发病治疗记录、转群记录、日报等。

分娩舍生产记录：分娩记录、断奶记录（包括个体称重记录）、寄养记录、耗料记录、物料消耗记录（水、电、兽药、低值易耗品）、免疫记录、死淘记录、发病治疗记录、转群记录及日报。

保育舍记录：保育转入记录、耗料记录、物料消耗记录（水、电、兽药、低值易耗品）、免疫记录、发病治疗记录、死淘记录、仔猪转出记录、仔猪栏位分配卡记录、日报。

育成育肥舍记录：育成育肥转入记录、耗料记录、物料消耗记录（水、电、兽药、低值易耗品）、免疫记录、发病治疗记录、死淘记录、猪只转出记录、猪只栏位分配卡记录、出售记录、种猪性能测定记录、后备猪初选记录、后备猪驯化培育试情记录、后备猪转群记录、日报。

兽医室记录：测定记录、月末盘点记录、猪群估重记录、部位消毒记录（含器械、工具、工作服清洗消毒）、无害化处理记录、物料出入库记录、舍温记录、设备检修记录等。

仔猪舍记录：返情流产空怀数、配种数（断奶、返情、流产、空怀）、分娩窝数、产仔数（健仔、弱仔、畸形、死胎、木乃伊胎）、断奶数、转群数、死亡数、淘汰数、购入数、销售数、各品种阶段猪只（包括基础母猪、后备母猪、妊娠母猪、临产母猪、哺乳母猪、空怀母猪、成年公猪、后备公猪、哺乳仔猪、保育猪、育成猪等）存栏数、待售猪只数。

2.业绩指标统计 断奶周配率、配种分娩率、失配率、返情率和流产率等，胎产总仔、健仔、弱仔、畸形、死胎、木乃伊胎和无效仔率等，窝平均断奶仔猪数、窝平均转保育正品仔猪数，净产量，成活率、死亡率、淘汰率，出栏率、正品率等。

3.消耗指标统计 饲料、药物、低值易耗品、人工（计件工资）、水电等群、栋、批消耗量，各阶段、全程、全群料重比，各阶段头药费，仔猪落地物料人工消耗成本、各阶段消耗增重头成本和500克成本等。

4.性能指标统计 日增重、100千克出栏日龄、后备母猪初情日龄、胎龄结构、后备母猪利用率、公猪利用率、生产母猪更新率、生产公猪更新率、繁殖周期、年分娩胎次、年均窝产总仔数、每头母猪年提供断奶仔猪数（PSY）等。

（三）猪场数据统计概念及逻辑关系

1.猪场数据统计中的名词概念

（1）**生产母猪**　即基础母猪，指进入生产状态的母猪，含已配好种的后备母猪。

（2）**正常配种**　指母猪断奶7天内（含7天）配种及后备母猪体重在130千克以内第三、第四次发情配种。

（3）**异常配种**　指母猪断奶超过7天和母猪返情、流产、空怀及后备母猪超体重或第五次以上发情配种。

（4）**断奶母猪**　指断奶7天内（含7天）正常发情配种的母猪。

（5）**空怀母猪**　包括断奶超过7天发情的母猪、配种后60天内返情和60天后空怀的母猪及妊娠过程中流产的母猪。

（6）**空断母猪**　是空怀和断奶母猪的统称。

（7）**初生健仔**　初生体重大于等于0.8千克、无畸形、能站立行走、神态健康、能吃奶的仔猪。

（8）**断奶合格仔**　21日龄断奶体重大于等于5千克、28日龄断奶体重大于等于7千克、无残缺的健康仔猪。

（9）**保育正品仔猪苗**　63日龄转群个体重15千克以上、70日龄转群个体重20千克以上、无残缺的健康保育仔猪苗。

2.猪场数据指标概念

净产量＝本期产健仔数－本期哺乳至生长育肥猪群死亡数（场外购入、调入猪及死亡数不计算在内）

总产仔数＝健仔＋弱仔＋畸形＋死胎＋木乃伊胎

$$配种分娩率 = \frac{本期分娩母猪数}{17\ 周前配种母猪数} \times 100\%$$

$$失配率 = \frac{当期配种后\ 17\ 周内返情、流产、空怀的母猪数}{当期配种母猪数} \times 100\%$$

$$断奶周配率 = \frac{本期断奶后\ 7\ 天内（含\ 7\ 天）配种母猪数}{上周对应当期断奶母猪数} \times 100\%$$

$$哺乳仔猪成活率 = \frac{期初存栏 + 本期新初生合格仔 - 本期死亡}{期初存栏 + 本期新初生合格仔} \times 100\%$$

$$保育猪成活率 = \frac{期初存栏 + 本期新转入仔猪 - 本期死亡}{期初存栏 + 本期新转入仔猪} \times 100\%$$

$$生长培育成活率 = \frac{期初存栏 + 本期转入 - 本期死亡}{期初存栏 + 本期转入} \times 100\%$$

$$批次成活率 = \frac{该批次上市总量}{该批次转入总数} \times 100\%$$

$$综合成活率 = \frac{本期上市总数 + 期末存栏}{本期上市总数 + 期末存栏 + 本期死亡数} \times 100\%$$

$$生产母猪死亡率 = \frac{本期母猪死亡数}{上期末存栏 + 本期末存栏} \div 2 \times 100\%$$

$$阶段料重比 = \frac{该饲养阶段饲料消耗总量}{该饲养阶段总增重}$$

$$全程料重比 = \frac{哺乳仔猪至育肥猪饲料消耗总量}{哺乳仔猪至育肥猪总增重}$$

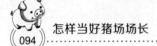
$$全群料重比 = \frac{全群饲料消耗总量}{哺乳仔猪至育肥猪总增重}$$

$$繁殖周期 = \frac{平均妊娠期 + 平均哺乳期 + 断奶至配种平均天数}{年配种分娩率 \div 断奶周配率}$$

$$年分娩胎次 = \frac{365}{繁殖周期}$$

（四）生产数据采集

数据的收集分为现场数据采集和其他生产数据收集。现场的数据采集除了自己把看到的数据记录下来以外，还将猪场工作人员记录的各类报表收集起来，将采集的数据以 EXCEL 表格的形式录入电子计算机，以备后期输入管理软件，进行数据分析。其他生产数据的收集是由工作人员记录的历史信息为依据，再由自己整理成 EXCEL 表格。

要想保证软件运行结果真实可靠，就必须保证数据输入的准确性。首先，数据收集工作必须认真谨慎；其次，原始数据的取得应尽量减少数据的经手次数，并且尽量做到当日录入，保证数据的可靠性。

1. 数据的采集方式　纸质记录人工采集，纸质记录＋电子记录的半自动采集，个别阶段的数据全自动采集。

（1）统一猪舍编号规则　"G"代表公猪站，"H"代表配怀车间，"F"代表分娩车间，"B"代表保育车间，"S"代表生长育成车间。在每栋猪舍大门左上方用红色油漆涂刷数字编号如 1，2，3……，1 米见方。"车间代码＋猪舍序号"就是猪舍编号，比如配怀车间 10 号则编号为"H10"。分生产线（区）在编号前加"X1""X2""X3"等；猪舍分单元的在编号后加

"D1""D2""D3"等，如生产 1 区分娩舍 6 号第二单元则编号为"X1F6D2"。猪舍内栏位编号，在对应墙正中用红色油漆涂刷数字编号，如 1、2、3……，30 厘米见方。以便为生产原始记录及日报、周报、月报等设计填写及关联计算汇总跟栏位实物对应，确保会计统计"账栏物表"四相符。

（2）统一区分产品阶段对应名称　初生活仔分为健仔和弱仔，断奶仔猪分为合格仔和不合格仔，保育猪苗分正品苗和残次苗，育成肉猪分正品猪和残次猪，种猪分为特优级、特级、优级，以方便财务统计与生产、销售、考核等多部门交流，避免出现误解。

（3）统一固定统计概念排序　如：

①D（杜洛克）、L（长白）、Y（大约克）。

②健仔、弱仔、畸形、死胎、木乃伊胎。

③空断＝断奶＋空怀母猪［包括超期发情（断奶后超过 7 天以上发情）＋返情＋流产＋空怀等］。

④期初存栏转入、转出、死亡、淘汰、上市、期末存栏等等，是统计工作交流及提高统计效率的必备条件。

（4）统一统计上报时间　如：

①日报，当天晚上 22∶00 前录入，第二天早上 9∶00 上报。

②周报，指周日至周六，周六晚上及周日录入汇总，周一上午 9∶00 上报。

③月报，指初 1 号至月末 31 日（29 日或 30 日），次月 1～2 日录入汇总，3 日上午 12∶00 前上报。

④季报，次季第 1 个月 1～4 日录入汇总，5 日上午 12∶00 前上报。

⑤年报，次年 1 月 1～5 日录入汇总，6 日上午 12∶00 前上报。以便提高统计分析速度，及早发现和解决问题。

（5）**严格计量制度** 按照生产管理和统计、成本管理的要求，不断完善计量和检测设施，如猪只的出生、转群、销售、淘汰、死亡等猪的称重，存栏猪只并栏头数重量清点和称重，妊娠检查和妊娠天数记录等。

（6）**均衡生产和全进全出** 按生产工艺和周节律均衡生产要求，严格做好猪群、栋舍、批次管理，做好猪群的全进全出和合理转群工作，以便使统计工作落实到车间、班组，落实到人，利于盘点和结存，这样分析结果才有针对性，改进措施才能落到实处。

2.做好生产数据记录工作

（1）**生产数据记录表格设计** 现场数据表要设计合理、便于填写。例如，猪场日报表（表3-2），每天下班前各区段（猪舍）填写日报，专人（生产主管）汇总，领导审核，录入系统，上报。配种妊娠记录卡（表3-3），一式3份带复写纸，情期内输精配种完毕，立即将第一联上交，第二、第三联填写妊娠信息。种母猪卡（图3-1）、分娩断奶记录卡、母猪转群（上产床）记录表、仔猪断奶称重记录表、中猪转群登记表、中大猪舍猪群记录表（只要有事件当天填写此表，同时填写日报，事件涉及个体号需要标注）、中大猪每日出售（转出）记录表、出售肥猪个体称重抽查表（每月在出售的肥猪中随机抽样，称个体重量，主要是检验饲料配方及猪只生长情况）。

依据生产管理、考核计件、成本核算及育种需要分析原始数据来源，根据统计目的设计原始记录表格。根据猪场生产目的，如原种场、祖代场、父母代场、测定场、培育场和育肥场等及猪场发展不同阶段重点提升指标来细化，增减表格及内容项。为简化报表便于存档，每栋猪舍尽量做到日报和周报二合一。如隔离后备舍周报表设计见表3-4。

场名：

日报数据日期：

表 3-2 某育种中心猪场日报表

猪群类别	期初存栏	初生或转入	中心内部转入或购入	死亡	淘汰	转出	中心内部转出	出售种猪	出售肥猪	期末存栏
基础母猪										
后备母猪										
基础公猪										
后备公猪										
哺乳仔猪										
保育仔猪										
中猪（育成）										
大猪（育肥）										
合计										

日报填报人：

表3-3 配种妊娠记录卡

配种妊娠记录卡

母猪号：　　　　　　　配种组号：
场名：　　　　　　　含别：

种猪基本信息	品种	胎次	繁殖指数	
			纯繁时优先配种公猪号	

配种输精

公猪号：

发现发情	发情日期：月　日	发情明显否：明显：　一般：　不明显：

	第一次配种	第二次配种	第三次配种
	年　月　日上午　下午	年　月　日上午　下午	年　月　日上午　下午
效果	好、中、差	好、中、差	好、中、差
方式	A /N /F	A /N /F	输精员：

妊娠阶段

妊娠检查情况	膘情	返情	流产	淘汰	死亡
第一次 月 日 阳/阴	月 日	月 日	月 日	月 日	月 日
第二次 月 日 阳/阴	背膘：	原因	原因	原因	原因
第三次 月 日 阳/阴					

配种方式：A-人工；N-本交；F-冷冻精。　返情/流产划"√"。
淘汰死亡原因：P-生产性能低下；R-屡配不孕；C-胎龄高；L-肢蹄；E-疾病；D-死亡；Q-其他。

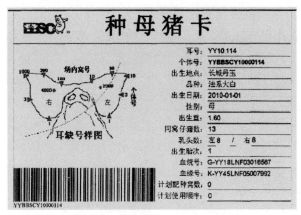

图 3-1　某育种中心猪场种母猪卡

表 3-4　隔离后备舍周报表

编号：_____　栋舍：_____　饲养员：_____　第　周（　年　月　日至　月　日）

变动日期	种猪来源	变动情况（头）								存栏情况（头）						饲料消耗（千克）			药物领用（元）
		后备猪		淘汰种猪		肉猪				后备猪		淘汰猪	育肥猪		中猪料	大猪料	后备料	
		转入	转出	转入	转出	转入	转出						90千克以下	90千克以上					
		♂	♀	♂	♀	♂	♀	♂	♀	♀	♂	♀	♂						
日																			
一																			
二																			
三																			
四																			
五																			
六																			
合计																			

复核：_____　　制表：_____　　填报时间：_____　年　月　日

（2）**生产数据报表填报要求** 所有车间原始报表必须用纸质填写，作为统计工作最基本的原始凭证。猪场车间原始报表由车间组长填写，各栋舍原始报表由饲养员填写。填写报表要求做到统计及时、数据准确、内容完整、格式规范、文字清晰，不得弄虚作假。所有原始报表必须当天填写当天汇总，做到日事日清，周事周毕，日清周结。休假者休假前必须与替班人员交代清楚报表的填报工作。人事变动时必须做好报表资料的交接工作，不得带走或销毁猪场所有原始报表。报表填写完后，交到上一级主管，经查对、核实后及时交给猪场统计；统计复核后，如有发现不实或有投诉，统计到生产线核实后再审核、复核、签字，才能作为统计的原始凭证。

（五）生产数据统计报表及报表体系建设

一些采用全自动饲喂系统或全面信息化远程管理的猪场使用猪场管理软件，统计报表和成本核算报表自动生成。但由于猪场管理软件使用起来，生产统计数据不全，生产指标设计缺乏个性化，数据采集和录入工作量大，分析不够深入、不能细化，对比较专业的生产管理者来说反而麻烦。特别是某些软件使用起来由于计算机缓存不足，服务器配置、网速、流量限制及站点（数据包）多等导致运算速度非常慢，猪场具体操作人员操作起来特别费劲，有时运算一个数据需要等几秒钟，尤其是猪场大部分员工不会使用计算机，各生产车间未配置计算机，光靠财务统计人员使用工作量太大，很多养猪公司用过软件后还是舍弃。选择用表格来设计报表体系，用起来工作量少，方便快捷，便于数据分析利用。

各类数据报表的上报根据需求及用途等分为即时上报、日报、周报、月报、季报、年报等不同类型。即时上报主要是疫情、急淘、异常淘售、异常淘埋、非正常死亡等。日报主要是购入、销售数量及生产统计情况"日快报";"日快报"是猪场各车间每天关键数据汇总快报和猪场每天关键数据汇总快报。周报表跟日报表格式基本相同,周快报是周报表简化的基础上增加配种分娩率及断奶周配率、妊娠率等生产指标快报。月报、季报、年报格式基本相同,季报是月报的累计,年报是季报的累计。月报主要包括生产数量统计、业绩指标统计、消耗指标统计及一部分性能指标统计。年报除了月报内容外,还包括全部的性能指标统计等。

1.日报表　猪场日报表,每天下班前各区段(猪舍)填写日报,专人(生产主管)汇总,领导审核,录入系统,上报。日报主要关注:存栏情况、分娩数量、配种数量、死亡数量、出售情况等。每日浏览日报,对于主要数据异常情况要过问,有问题责成相关技术人员进行分析,找出问题症结,提出解决方案。以繁殖场为例,包括汇总表、配种明细表、配怀车间生产情况表、种猪死淘明细表、产仔明细表、分娩车间生产情况表、保育车间生产情况表、育成车间生产情况表、车间转群出栏明细表、猪场销售明细表等。

2.周报表　除了关注死亡率情况外,还关注周配种数、分娩数、当期妊娠检查阳性率、周批次分娩率、周批次窝均产仔情况及存栏密度情况等。有些指标要与计划指标和历史同期指标对比。周报表在日报表基础上通过 Excel 表 2 级或 3 级显示的方式汇总获得,2 级显示每周日至周六生产数据情况,3 级显示每天每车间各栋舍的具体生产数据情况。周快报主要显示周生产情况报表、周动态平衡报表及周待售报表,从周报表获取数据及逻辑运算得出指标数据,通过 Excel 表 2 级显示详细情况。如图 3-2、图 3-3 所示。

3.月报表　关注配种、分娩情况、月死亡率情况、出售猪情况、存栏压力、投入品消耗情况、饲料效率、生长速度、猪群

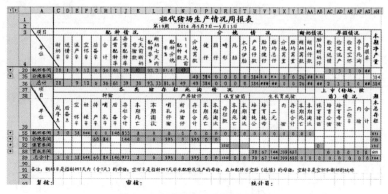

图 3-2　祖代猪场生产情况周报表

图 3-3　各阶段猪动态平衡情况周报表

健康情况等。包括生产指标月报表、生产情况月报表、生产费用月报表、猪群盘存月报表、配怀车间生产月报表、分娩车间生产月报表、保育车间生产月报表、育成车间生产月报表、各栋舍饲养员饲料消耗明细月报表、各栋舍饲养员药品消耗明细月报表、各栋舍饲养员低耗品消耗明细月报表、各栋舍饲养员水电消耗明细月报表，其中生产指标月报表、生产情况月报表、生产费用月报表数据自动生成，具体以自动生成的生产指标月报表为例，见图 3-4。

	A	B	C	D	E	F
1	父母代猪场生产指标月报 表一					
2		开始日期:	2014-5-1	报表日期:		2014-5-31
3		项目	指标完成	项目	指标计划	指标完成
4		净产量	2958	基础母猪数		3633
5	繁殖情况	分娩胎数	305	配种分娩率(%)	86%	92.7%
6		产总仔数	3296	胎产总仔数	10.5	10.81
7		产健仔数	3166	胎产健仔数	9.8	10.38
8		配种胎数	297	断奶周期率	70%	88.5%
9	猪只死亡	哺乳猪仔死亡数	159	哺乳猪仔成活率(%)	95%	96.80%
10		保育猪死亡数	101	保育猪成活率(%)	97%	97.98%
11		哺乳至保育死亡小计	260	哺乳至保育成活率(%)	89%	92.22%
12		生长育肥猪死亡数	79	生长育肥猪成活率(%)	98%	97.84%
13		哺-育肥死亡数小计	289	综合育成率(%)	87%	92.62%
14		生产早死亡数	12	生产早死亡率(%)	0.25%	0.73%
15		后备古死亡数	0	哺乳猪死淘淘率	7%	3.20%
16		种猪死亡小计	12	保育猪淘汰率(%)	1%	0.44%
17	猪只淘汰	保育猪淘汰数	28	保育猪死亡率(%)	3%	1.38%
18		生长育肥猪淘汰数	24	生长育肥猪淘汰率(%)	2%	2.16%
19		生产早淘汰数	50	生长育肥猪死亡率(%)	1%	1.50%
20		生产古淘汰数	0	生产早淘汰率(%)	3%	3.05%
21	料成本比及	共仔猪落地饲料成本	128.67	保育猪比	1.55	1.41
22		共仔猪落地物料总成本	158.36	主长育肥猪比	2.6	2.50
23		上市产品饲料EC成本	11.87	全程料肉比	2.5	2.24
24		上市产品物料EC成本	13.19	全群料肉比	2.9	3.00
25	期末栏存	公猪	32	哺乳仔猪		2415
26		后备母猪	121	保育仔猪		3165
27		基础母猪	1633	生长育成猪		1617
28		种猪合计存栏	1786	总存栏		8983
29	复核:		审核:		制表:	

目录\1指标\2生产\3费用\4结存\5配怀\6分娩\7保育\8育肥\9饲料\10药品\11低耗\12水电

图3-4 自动生成的父母代猪场生产指标月报表

（六）生产数据分析及运用

场长必看的几类报表：日报、周报、月报；主要技术指标情况；饲料、兽药投入品使用情况、猪群生长效率情况（生长速度、料肉比）；后裔性能测定及后备猪选留情况；后备猪补充情况；种群的优化情况；综合生产指标完成情况。

通过对生产结果数量和业绩、性能、消耗指标的统计开展生产趋势分析，与计划生产量对比计算达成率，与计划指标进行偏差分析，进行环比、同比、内部横比，与行业标杆企业对比找差距。

1.猪场年度、季度、月度生产计划量达成率分析 生产计划量主要包括生产公猪、基础母猪存栏数，后备公猪、后备母猪补充数，配种数，分娩窝数、产健仔数、哺乳仔猪死淘数、断奶合格仔数、保育仔猪死淘数、保育正品仔猪出栏量，育成阶段死淘数、育成猪出栏量，纯种猪销量、二元母猪销量等。根据月报、季报、半年报、年报计算达成率，分析原因，制定纠偏措施。

2.**猪场计划指标月度、年度分析**　计划指标包括生产指标、性能指标和消耗指标。年度分析指标在月度分析指标的基础上增加胎龄结构、生产母猪更新率、生产公猪更新率、繁殖周期、年分娩胎次、年均窝产总仔数、每头母猪年提供断奶仔猪数（PSY）。根据月报、季报、半年报、年报进行偏差分析，分析原因，制定改进措施，半年报和年报为下年度生产计划制定提供依据。

3.**周快报分析**　周快报是猪场每周例会的主要通报和重点分析、研究解决问题的内容

重点关注：①配种情况，包括断奶、返情、流产、空怀配种头数和正常配种率、异常配种率分析，断奶周配率分析，配种分娩率分析；②分娩情况分析；③断奶情况分析；④妊娠情况分析，包括检定返情、流产、空怀及妊娠母猪死淘、妊娠率等；⑤存栏、转入、转出、死淘、待售、出栏销售情况分析。及时发现问题，拿出解决问题的方案。

4.**日报分析**　每日浏览日报及关注公猪精液监测、返情检定等个体记录信息，出现异常及时拿出解决方案，不留后患。

（七）生产数据的管理

生产数据要由专人管理，场长为各类报表的统计总负责人，副场长或场长助理为各类报表统计的具体执行人，负责对各类报表的填报进行指导、监督、分析、管理，发现问题及时纠正。

各组组长为各车间原始报表填写直接责任人，按照要求每天或每周下班前检查核对数据无误后填写，报表一式两份，经审

核、复核签字后，及时备份，当天下班后上交财务统计员一份。组长对所填报表质量和及时性负责，严禁虚报、瞒报、伪造、篡改、拒报或者屡次迟报等。

各生产线车间员工均有义务向组长提供完整、真实、准确的报表所需数据。

财务统计员为生产数据统计操作责任人，负责原始报表装订成册、数据录入、拷贝存盘和日报，每天和周一早上 9∶00 之前必须完成各类周报表的统计、汇总、上报工作，按财务生产部门要求完成日报、周报、月报、季报、年报的统计上报工作，数据的上报方式以书面正式报表、电子表格、传真形式上报。在数据录入前认真检查核实数据完整性、真实性和逻辑性，数据录入时必须严谨，避免错录、漏录。纸质数据必须定期整理、保存，保存期至少 8 年。

生产和财务统计人员协作做好盘点核对工作，每日对产房、每周对保育舍、每月对全场定期进行现场盘点，随时抽查饲养员数据填写的真实性，每周、每月对配种分娩等组间关联数据进行核对，对历史关联数据进行核对，计算机数据录入系统利用逻辑关系对数据真实性进行判定，最后对系统输出数据进行核对，确保数据的真实性、逻辑性、准确性。

设计并建立数据库，并通过主键设置建立数据库关系图。在原始的生产数据统计的基础上，对猪场繁育状况进行多角度、多层次分析，通过管理软件，实现母猪发情情况分析、母猪产仔统计分析、种公猪配种统计分析、仔猪断奶情况统计分析、仔猪窝情况统计分析、仔猪登记统计分析、人员统计分析功能。按照人们的需求以最快的速度输出各种生产信息，在制定养猪生产规划、选种与配种计划等方面都将发挥重要作用。

总之，规模化猪场的生产统计数据庞大而复杂，必须建立专门的数据管理体系，配备专职或专人兼职的统计人员，并保证

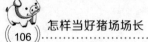

统计人员的相对稳定性，才能确保统计数据的真实性及数据分析的正确性。统计工作要根据猪场实际不断优化数据逻辑关系，不断优化计算方法，不断完善统计制度，以充分发挥生产统计及数据分析对生产管理、计划管理、成本核算和工资计件的基础作用，为猪场及上层管理及时发现问题、解决问题、提高生产性能、提高生产成绩、降低消耗成本等提供强有力的数据支撑。

第四章

猪场饲料管理

一、饲料原料的采购管理

（一）原料采购管理中存在的主要问题

1. 观念落后，对采购的重要性认识不足　饲料采购目的是为了维持猪场正常的生产活动及合理降低成本。但许多中小猪场对采购的科学管理重要性认识不够，认为采购管理就是以最低采购价格获得当前所需原料的简单交易，把成本最优误解为价格最低。没有把采购管理上升到是以最低总成本建立业务供给渠道过程的战略高度来考虑，使采购管理工作没有较好地体现出充分平衡企业内部和外部的优势，以降低整体供应链成本的宗旨，以致许多中小猪场的原料采购渠道单一而缺乏科学性，所确定的供应商很难为企业提供稳定、优质的原料。同时，由于缺乏一定宽度的原料进货渠道和足够可供选择的供应商，采购中就可能造成货源过于集中、自身处于被动困窘的不利局面，为企业留下受制于人的隐患。

2. 采购管理水平低，缺乏有效的信息资源 中小猪场管理水平较低，对如何开展采购管理知之不多。采购的成本目标含糊，采购程序、采购制度不健全，采购的策略不多，凭经验和感觉拍板，常常由于决策错误导致经济损失。不注重对供应商的管理，原料供应充足的时候当老大，而原料供应紧张的时候又去求助于供应商。质量标准和交货条件含糊，交易纠纷多。

许多猪场面对原料涨价应对的办法不多，比较被动。造成这一现状，很重要的原因就是饲料信息采集工作力度不够，采集信息手段原始，对自身的总体成本分析、供应商评估、市场评估等为科学采购提供有力事实和数据的信息不足。

同时，猪场在原料采购过程中主观的成分过多，选择的标准不全面，对供应商所处的行业，供应商业务战略、运作、竞争优势、能力等缺乏充分认识和有效评价、监督。难以帮助猪场发现机会改善其权力制衡地位，提升猪场自身的议价优势，以致不仅没有较好地利用供应商的技能来增强自己的市场竞争力，把握自己的议价优势；而且使猪场采购、物流运营效率极其低下，成本过高，并影响着后续的原料运输、调配、维护、调换，乃至长期产品的更新换代，甚至给质量安全带来隐患。

3. 缺乏采购渠道建设 原料采购是一项系统工作，如果猪场在采购中不注意协调好各方关系，在原料采购中对猪场内部协调不力，要么出现过量采购，造成资金积压和占用库存；要么出现真正到了要大量购进所需原料时却因库存不足、市场短缺而面临高价打压的危险；或因在付款计划上缺乏与财务的及时沟通。本来财务已经紧张，但因不了解，往往执行合同后才发现不能按照约定支付供方货款，以至于在供应商的反复催款中既损害了猪场自身的商业信誉，又使供货渠道遭到一定程度的破坏。对供应商如果没有建立互赢的战略合作关系，供给原料质量就易出现没有完全达到或明显偏离合同上的要求，或者由于供应商为降低自身成本，使用了劣质的运输包装，造成运输途中货物的损耗超过应收原料正常差异，"降级、降价、扣重、退货"等双方不愿意看到的事就会时常出现。因此，采购管理中重视协调好各方关系，对内建立抱团打天下的团队激励机制、对外建立互赢的战略伙伴关系，是原料采购管理的重要内容。

（二）饲料原料采购管理策略

1.建立采购信息数据库　猪场降低原料采购成本的关键就在于科学的采购价格策略，既不能一味地等待观望低价市场的到来而坐失"适时"采购的良机，也不能无视瞬息万变的市价变化而冒高价采购的风险。要达到这一目标，制定出科学的采购价格策略，就需要强化采购信息的搜集、整理分析，建立对自身的总体成本分析、供应商评估、市场评估等，为采购提供科学、完善、连续、真实、有效分类的信息数据库。

信息数据库的建立既可通过网站渠道媒体，收集全国各地最新原料行情、国内期货行情和专家分析预测等信息；也可通过客户、政府、行业、专业咨询机构等多种途径收集相关信息，并从中筛选出有用的信息。更重要的是要把猪场收集到的有用信息与猪场内部信息整合分析，建立猪场的供应商信息、采购运输信息、库存信息、销售信息、财务信息、产品市场信息等信息数据库，形成猪场在原料采购中对供销商有份量的制衡作用，能提升企业自身议价优势的信息。

2.建立健全原料采购质量控制体系　建立健全饲料原料采购质量控制体系，主要包括原料的采购程序与标准、原料的接收、检验、化验操作规程及原料贮存、使用情况、检查制度等质量保证体系。原料采购、验收标准的制定，必须具有科学性且符合本猪场要求，它需要很强的技巧，太严买不到所需的原料，无谓地增加质量成本；太松又会失去品控的意义，控制不了质量。具体可参照每年农业部颁发的饲料原料营养价值成分表或行业标准、企业标准等，因地制宜制定。采购、验收标准还要明确哪些项目具有弹性可以让步接收，哪些无任何余地；哪些成分必须检测，哪些可以忽略。

采购员作为原料采购的实施者，一定要熟悉掌握原料的质量性能和质量标准，根据采购质量标准进行采购。原料进场必须做到严格按程序接收，对进场原料先按规定方法取样，进行感观及水分指标的验收，主要原料卸料时，还要按100%抽取大样检验，合格的方可正式入库；同时，根据不同的原料还要做好相应的营养指标检测。

3.建立原料采购流程　科学合理的原料采购流程是保证采购到"适质、适价、适量"原料的保障措施。原料采购流程为：需求计划→采购计划→订货→验收→报销→付款。这种流程由于采购过程中大都由采购部门（人员）独立完成，缺乏有效、科学的监督管理约束机制，很容易出现少数人的营私舞弊、暗箱操作现象。为避免此类现象的发生，可实行货源组织权、订货审批权、质量验收权的相对分离，使集中的权力分散化，隐蔽的权力公开化，形成一个互相监督制约、公开透明、权力分散的采购控制机制。采购流程应建议改进为如图4-1。

（1）制定需求计划　原料的需求计划由猪群生产部门制定，这是因为猪群生产部门掌握着猪群的结构、数量、饲料产品的配方、每日的采食量等具体生产情况。年初或上年底猪群生产部门根据饲料消耗情况来制定全年的原料需求计划并落实到每个月，使采购部对全年的采购任务有大致的了解。具体的执行过程中，根据当月对下个月的饲料消耗预测制定出下月的更准确的采购计划（表4-1）。需求计划由总经理审批交采购部执行。

生产部门的零配件、低值易耗品、劳保用品等的需求计划由生产部门的维修人员或设备管理员制定；各部门所需的办公用品、福利设施的需求计划由各部门提出。

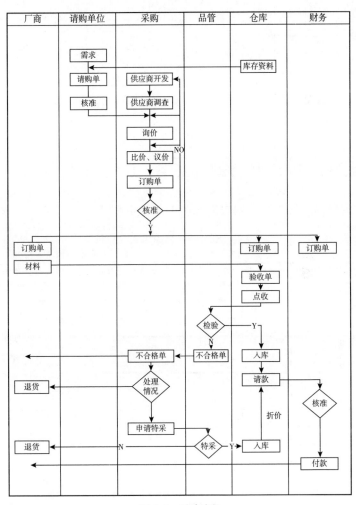

图 4-1　采购流程

表 4-1　原料采购计划表

材料名	规格	单位	全年采购量	单价	金额	每月采购计划																		
						1月		2月		3月		4月		5月		6月		……		11月		12月	
						数量	金额	数量	金额	数量	金额	数量	金额	数量	金额	数量	金额	数量	金额	数量	金额	数量	金额

根据原料采购计划填报采购单（表 4-2）。

表 4-2　采购单

编号：Q/DW·R·业 26

序号	物品名称	型号规模	数量	单位	单价	实购数量	到货日期	备注

其他事项

采购员：　　　日期：　　　业务部经理批准：　　　日期：

供应商确认（请贵公司_____日内确认，将此单传回）。

签名（盖章）：　　　日期：

（2）**选择、评估供应商** 供应商选择是采购职能中重要的一环，供应商的选择包括4个步骤：一是调查所有可能的供应商（表4-3）；二是详细考察每个可能的供应商；三是选择最好的供应商与其谈判；四是同供应商保持联系。与供应商谈判，确定价格和采购条件，签订合同或发出采购订单。对合同或订单进行跟踪催货。

表4-3 供应商调查表

编号：Q/DW·R·业29

序号	调 查 内 容
1	企业名称：
2	负责或联系人姓名：
3	地址：　　　　　　　　　　　邮编：
4	电话：　　　　　　　　　　　传真：
5	企业成立时间：
6	主要产品：
7	职工总数：其中技术人员＿＿＿＿＿人，工人＿＿＿＿＿人
8	年产量/年产值（万元）：
9	生产能力：
10	样机/样品、样件生产周期：
11	生产特点：□成批生产　　□流水线在量生产　　□单台生产
12	主要生产设备：□齐全、良好　　□基本齐全、尚可　　□不齐全
13	使用或依据的质量标准：a.国际标准名称/编号　b.国家标准名称/编号 c.行业标准名称/编号　d.企业标准名称/编号　e.其他
14	工艺文件：□齐备　　□有一部分　　□没有
15	检验机构及检测设备：□有检验机构及检测人员，检验设备良好　□只有兼职检验人员，检测设备一般　□无检验人员，检测设备短缺，需外协
16	测试设备校准情况：□有计量室　　□全部委托外部计量机构
17	主要客户（公司/行业）：
18	新产品开发能力：□能自行设计开发新产品　□只能开发简单产品　　　　　　　　　　□没有自行开发能力
19	国际合作经验：□是外资企业　　□是合资企业　　　　　　　　□与外资企业合作生产全部/部分产品　　□无对外合作经验
20	职工培训情况：□经常、正规地进行　　□不经常开展培训
21	是否经过产品或体系认证：□是（指出具体内容）＿＿＿＿＿　□否
企业负责人签名：　　　　　　　　　　日期：	

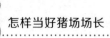
①确定选择供应商的评价指标

产品质量：供应商所提供的产品或原料的质量是否可靠，是一个很重要的评价指标。供应商必须有一个良好的质量控制系统，保证提供的原料符合原料标准或其自身的产品说明书的规定。

产品价格：对于大宗原料来说，供应商能提供有竞争力的价格对猪场降低成本是非常关键的。

付款条件：采购饲料产品需要大量的流动资金，猪场在激烈的竞争中往往面临经营资金短缺的压力，供应商提供优惠的付款条件，可以改善猪场的资金状况，这对于资金短缺的猪场来说尤其重要。

供应能力：供应能力表现在组织生产货物的能力、物流能力、交货提前期和快速响应的能力。供应商要有足够的组织货源和生产产品的能力来保证持续稳定地供应而不至于缺货。饲料原料体积大，数量多，运输距离一般较远，运输量大，供应商还要有必要的物流能力来保证原料的发运。交货提前期短，有利于降低库存，而且稳定的交货提前期有利于猪场安排采购计划。快速响应的能力强，有利于猪场应急采购。

可靠性：可靠性是指供应商的信誉，在选择供应商时应选择一家有较高声誉的、经营稳定的、财务状况良好的供应商。同时双方应该相互信任，讲究信誉，并能把这种良好的关系保持下去。

技术水平及售后服务：这对于添加剂原料的供应商来说显得更加重要。添加剂是饲料产品技术中的核心部分。供应商是否具有一支技术队伍和能力去研制产品，是否有产品开发计划，能够提供哪些技术支持，这些问题对企业来说非常重要。选择具有高技术水平的供应商，对猪场的长远发展是有帮助的。

②建立评价指标的评分方法　不同品种的原料，每一个评价指标的重要性并不一样。对于大宗原料，技术性要求不高，价格、质量、供货能力应放在重要的位置；而对于添加剂原料，技术水平和技术服务对企业来说比大宗原料要求更高一些，因此对这两类原料，应采用不同的评分方法。

大宗原料供应商的评分方法，见表4-4。

表4-4 大宗原料供应商的评分方法

供应商名称：

项目	评价分数		内　　容	分数	得分	总分
质量	27	质量保证 14	通过 ISO 质量体系认证	14		
			没通过认证但有自己的完善的质量保证体系	11		
			质量保证体系不够完善	6		
			没有质量保证体系	0		
		产品质量 13	达到本企业原料一级标准	13		
			达到本企业原料二级标准	10		
			达到本企业原料三级标准	8		
价格	25		低于企业预测的目标价格 3%	25		
			等于企业预测的目标价格	20		
			高于企业预测的目标价格 3% 以内	15		
			高于企业预测的目标价格 6% 以内	10		
			高于企业预测的目标价格 6% 以上	0		
付款方式	10		互相协商到货后付款计划	10		
			货到即付	8		
			先款后货	4		
供货能力	22	规模 8	年交易量或生产规模	8		
		物流保障 6	有铁路专线	4		
			距车站或码头 15 千米以内	3		
			距车站或码头 30 千米以内	2		
			超过 30 千米	0		
			公路运输	3		
			有固定的搬运队伍	2		
			临时请搬运队伍	1		
		订货提前期 4	7 天	4		
			10 天	3		
			15 天	2		
			20 天	1		
			超过 20 天	0		
		快速响应 4	随时订货	4		
			提前 2 天报计划	3		
			提前 4 天报计划	2		
			提前 6 天报计划	1		
			超过 6 天	0		
可靠性	8		强	8		
			一般	5		
			差	2		
技术水平	8		强	8		
			一般	5		
			差	2		

添加剂原料供应商的评分方法，见表4-5。

表4-5　添加剂原料供应商的评分方法

供应商名称：

项目	评价分数		内　　　　容	分数	得分	总分
质量	28	质量保证　15	通过 ISO 质量体系认证	15		
			没通过认证但有自己的完善的质量保证体系	11		
			质量保证体系不够完善	6		
			没有质量保证体系	0		
		产品质量　13	行业领先水平	13		
			行业平均水平	9		
			低于行业平均水平	4		
价格	20		低于行业同等产品价格 10%	20		
			等于行业同等产品价格	15		
			高于行业同等产品价格 10% 以内	10		
			高于行业同等产品价格 20% 以内	5		
			高于行业同等产品价格 20% 以上	0		
付款方式	6		互相协商到货后付款计划	6		
			货到即付	4		
			先款后货	2		
供货能力	14	规模　5	年交易量或生产规模	5		
		物流保障　3	距企业 300 千米以内	3		
			距企业 500 千米以内	2		
			距企业 500 千米以上	1		
		订货提前期　3	7 天	3		
			10 天	2		
			15 天	1		
			超过 15 天	0		
		快速响应　3	随时订货	3		
			提前 2 天报计划	2		
			提前 4 天报计划	1		
			超过 4 天	0		
可靠性	8		强	8		
			一般	5		
			差	0		
技术水平及技术服务	24	技术力量　8	强	8		
			一般	4		
			差	0		
		产品开发计划　8	有长远的产品开发计划并严格执行	8		
			有长远的产品开发计划但执行不力	4		
			没有明确的产品开发计划	2		
		技术服务　8	有专业的技术服务人员	4		
			有技术资料和内部交流刊物	4		

③寻找潜在的供应商　一般而言，供应商的数目越多，选择到最适当的供应商的机会就越大。因此，扩大寻找供应商的来源是选择供应商过程中的一项重要工作。

④调查打分，确定供应商　调查的方法包括通过间接渠道获取信息、电话咨询、发放调查问卷、登录供应商网站、与供应商的销售人员交谈、走访供应商等。

通过调查获得了供应商的资料后，猪场召集采购、财务、生产等有关部门人员对供应商进行评分，依据分数的高低来确定供应商名录。对于未被录用的供应商也要保存好其资料作为备用的供应商。供应商评定记录见表4–6。

表4–6　供应商评定记录表

编号：Q/DW・R・业30

供应厂商名称			地　　址		
负责人/联系人			电　话	传真	
提供物资名称					
评审内容	调整情况综合评价	□质保能力强　　□质保能力一般 □质保能力差		业务部评审	签名/日期
	供货能力	□充足　　□基本满足　　□不能满足			
	信誉	□好　　□较好　　□较差			
	交货期限	□快速　□一般　　□有时延期			
	价格	□合理　□偏高			
	服务	□优　　□一般　　□较差			
	样品检验结果	□合格　□不合格		技质部评审	签名/日期
	材料质量	□优　　□较优　　□一般			
	计量	□准确　□时多时少　□一般			
	包装	□好　　□一般　　□较差		生产部评审	签名/日期
	样品试用情况	□合格　□不合格			
	材料使用情况	□好　　□一般　　□较差			
	其他情况				

业务部建议： □为合格供应商 □为不合格分承包方 经理：　　　　　年　月　日	主管领导批准： □同意为合格的供应商 □不同意为合格的供应商 签名：　　　　　年　月　日

（3）**验收货物** 验收货物需要采购部的内勤人员、仓库保管员、技术部的品管人员同时参与。货物到达后，内勤人员及时通知保管员验收数量，通知品管人员现场检查货物感观质量，感官质量合格后，抽样检验各项营养指标及其他一些规定检验的指标，全部合格后开出质量合格单给采购部，内勤人员凭合格单到仓库开具入库单作为付款的依据。

（4）**支付货款** 采购员或货款结算员凭采购合同、货物发票、验收入库单到财务部门按合同规定支付货款。货物发票需采购部经理或猪场场长审核签字。

（5）**准确记录** 一次采购活动结束后，采购管理人员把采购合同或订单有关的文件副本进行汇集和归档，并把需保存的信息转化为相关的记录。

4. **实施联合采购** 联合采购是指反向的集合竞价，由某一猪场率先提出对某种原料的采购意向，召集行业有相同需求的猪场（合作社）加入，吸引有实力的供应商适时交互竞价，最终猪场能以满意的价格折扣采购到各自所需的原料，达到降低成本的目的。联合采购是中小猪场采购管理的最佳方案。它可克服传统的采购方式相互间信息渠道不通畅、与供货商沟通存在障碍、单兵作战、采购价格过高、交易不透明、易暗箱操作等弊端，使猪场采购实现更低的采购价格，高效、透明的采购操作，完善的采购管理，更高的资本利用效率，更完善的供应商协作关系等优势。有资料表明，企业通过联合采购方案的实施，可以降低采购费用达 70%，使得产品成本降低 5% ～ 15%。

联合采购需要注意：一是联合猪场（合作社）要在自愿的基础上，不能拉郎配；二是要与信誉良好的猪场（合作社）联合；三是要与一定的地理半径范围内的猪场（合作社）合作，以便于采购后的配送，降低配送成本及采购成本；四要实行联席会议办公，每家猪场（合作社）都必须有人参加，会议主席由各家轮流担任，以沟通、协调、确定联合体什么时候采购、采购数量、采购标准等问题，从而在组织上保障联合采购的有效运行；五要实行比价采购和招标采购制度，充分发挥公开招标中供应商之间的博弈机制，科学公正地选择最符合自身成本和利益需求的供应商。

5. 网上采购　网上采购是指猪场以互联网为平台，利用电子商务网站的网上交易平台，完成采购行为的一种交易方式。但鉴于目前社会、行业信誉机制的不健全，猪场在面对网上采购还处于观望多、实质行动少的状态，网站实现的采购量在整个行业总采购量中占的比例很低。中小猪场应针对自身资金、人力有限的实际，在原料采购管理中大胆采用网上采购方式，建立网上采购平台，实施网上采购、网上招标，降低采购成本，增强猪场竞争力。但选择网站时，最好选择能为猪场和供应商双方交易提供额外的资金流、物流、信息流等商务支持的网站。

（三）原料采购验收管理

原料采购验收管理要把握 5 个核心点：原料采购验收制度，原料验收标准，原料查验，原料的检验，原料安全性评价。

1. 原料采购验收制度

①采购流程应当包括采购计划、合同签订及执行等内容。

②验收工作流程应当规定需要查验和检验的具体原料分类和验收工作步骤、责任人员、相关记录等。

③查验要求要覆盖本猪场所有原料，即单一饲料、饲料添加剂、添加剂预混合饲料、药物饲料添加剂、浓缩饲料等。

④查验要求应当明确具体内容，应当规定查验许可证明文件编号和产品质量检验合格证。

⑤猪场原料验收还包括重量复核，感官检验，查验、检验和卫生指标的定期检验等内容。

2. 原料接收流程

①原料到厂后由门卫开具《原料供应商车辆／人出入记录表》，并通知采购部门。

②由采购部门开具《原料检验通知单》。

③原料品管接《原料检验通知单》后取样观察原料的感官、气味、生产日期等，进行初检；初检合格，则取综合样品（不少于1千克）送化验室做理化检验；填写《原料供应商车辆／人出入记录表》相应项目并签字；理化检验合格，由化验员在《原料检验通知单》上填写"合格"字样，并签字；原料品管在《原料检验通知单》上签字确认；《原料检验通知单》一式三份，由品管经理填写接收与否等处理意见。初检不合格或者理化检验不合格，则由原料品管通知品管经理，请示处理意见。

④签字后，原料品管、采购、保管各一份；初检、理化检验都合格，通知司磅员和原料保管，过磅卸车；由原料品管填写垛头卡上进货厂家、理化化验结果等并签字；原料保管填写垛头卡中总重、平均包重等信息，并在卸车后挂于相应垛位上，标示清楚以便于合理安排使用。

⑤卸车前原料品管结合原料保管合理安排垛位，卸车过程中原料品管要进行现场监控，并随时抽检，发现原料和初检情况差异较大等异常情况，及时通知品管经理，请示处理意见。

⑥原料卸车完毕后，空车过磅，由原料保管根据《检验通知单》、地磅单，入库。并填写《原料供应商车辆／人出入记录表》交给门卫后，无特殊情况即可离场。

3. 原料验收标准　应当覆盖企业所用的所有原料，其卫生指标验收值确定时，应当注意卫生指标是原料接收的强制性指标，不能让步接收指标值。卫生指标除了《饲料卫生标准》中规定的项目及指标，还应当包括该原料所对应的国家标准或者行业标准中规定的指标。

4. **原料的查验**　实行许可管理的原料要进行查验。也就是说，对于饲料添加剂和添加剂预混合饲料，许可证明文件编号还应当包括产品批准文号。查验内容应当包括许可证明文件编号和产品质量检验合格证。无许可证明文件编号和产品质量检验合格证的或者经查验许可证明文件编号不实的，不能接受使用。

5. **原料的检验**　猪场应当针对不同类型的原料批次做出合理的、具体的检验规定。并要求原料供应商提供质量检验报告的，除了主成分指标以外，建议根据不同类别原料的安全特性，要求供应商对于某些特定卫生指标进行检测。

6. **原料的安全性评价**　猪场应当针对大宗原料、饲料添加剂等安全风险较大的原料开展有针对性的检测。例如，长期对于来自不同地区的玉米开展霉菌毒素的检测，及时评估不同地区原料的安全风险差异，为原料采购和饲料配方设计、生产提供相应的指导。对于种类较多的原料，应增加检测的指标和检测频次。再者，安全性评价不仅是对单一批次原料的安全评价，通过卫生指标检测，应当做好以下基础工作：一是整理同一供应商在不同时期供应同一原料的卫生指标变化情况；二是整理同种原料在不同时期、不同产地的卫生指标变化情况。通过较长期的数据积累，形成对于特定原料的安全评价和对原料供应商的质量保障能力的评价，并对原料的安全检测项目和检测频次等进行动态的调整，从而有效控制原料的安全风险；三是在原料检测中发现安全卫生指标异常的，应当根据问题的严重程度做出及时、恰当的处理，包括原料和相关的饲料产品；四是除了开展安全卫生指标定期检测外，还应当加强对伪劣原料（饲料原料和饲料添加剂）的分析鉴别，对供应商进行有效管理。

（四）原料进货信息管理

猪场应当填写并保存原料进货台账，进货台账应当包括原料通用名称及商品名称、生产企业或者供货者名称、联系方式、产地、数量、生产日期、保质期、查验或者检验信息、进货日期、经办人等信息。进货台账保存期限不得少于 2 年。这就要求原料品种、相关信息要填写完整，一旦出现质量问题，可以做到有源可溯。

（五）全价配合饲料的采购管理

全价配合饲料出厂前受原料品质、配方设计、加工工艺等诸多因素的影响，因此，如果猪场没有条件自行生产全价配合饲料，那就要坚定不移地选择有品牌、重品质、讲信誉的中大型饲料生产供应厂商，且尽量不要随意更改。众所周知，猪有着超强的嗅觉，对饲料适口性和口味变化非常敏感，尤其是原料及饲料配方发生变化，即使质量好，也会在一定时期和一定程度上影响猪的采食量。而质量控制手段单一、管理粗放的饲料厂，由于原料选择受限、设备简陋、加工工艺要求低，加之考虑生产成本，随意调整饲料配方，造成配合饲料质量不稳定，用这样的配合饲料喂猪，肯定会对猪群造成不可逆的影响，如果猪群健康状况不好，更会雪上加霜。因此，全价配合饲料的采购管理主要是选择合适的生产厂家。

二、饲料原料的贮存管理

饲料原料仓库是猪场各种原料的集散地，猪场应当建立原料仓储管理制度，规定库位规划、堆放方式、垛位标识、库房盘点、环境要求、虫鼠防范、库房安全、出入库记录等内容。

（一）库位规划是原料仓储管理的重要依据

在制度中应当明确库位规划的几项基本原则。

1. **唯一原则**　同种原料集中堆放。

2. **分类原则**　植物源性原料与动物源性原料分区放置，待检区、合格品区、不合格品区要分开。

3. **隔离易混原料原则**　包装近似原料应当间隔至少1种其他有明显包装区别的原料。

4. **先进先出原则**　同一种原料使用存放时间相对最长的，适用先进先出原则。

5. **仓储作业看板原则**　垛位位置标号及原料种类，存放原料品种及进货数量日期，检验与使用状态，已出库及库存数量，垛位临时调整等信息一目了然。

6. **仓储库垛位标识原则**　用简单明了的方式显示不同垛位原料的信息。

7. **"四距"适当原则**　原料与仓库顶部的距离，原料与防爆灯具的距离，原料与墙体的距离，垛位之间的距离，防火通道和防火设施的距离都应该适当；库位规划图应当与企业原料库房现场一致，即制度规定与企业现场实际管理要一致。

（二）垛位标识卡

根据仓库现代化管理要求，饲料仓库应建立标识化管理，实行垛位标识卡管理制度，每种原料从入库开始即应建立垛位标识卡，内容应当包括原料名称、规格或等级、产地或供应商代码、检验状态、出入库情况等信息，不同原料垛位之间应当保持适当的距离。应当设置"一垛一卡"：每个垛位均有1个标识卡，方便盘点和溯源，但同一批原料一次进货量较大、集中存放的，可以共用一个垛位卡，但是要确保做到动态信息记录准确，与该批原料一致。某些企业将垛位标识卡与出入库记录合并，或者采取纸质与电子记录相结合的方式，做到能准确、实时反映库存原料的变化信息。

（三）长期库存原料管理

应当根据实际情况对长期库存原料做出规定，例如，不同季节导致贮存条件变差的，虽未到保质期但已经接近过期的，由于原料本身特性，导致易变质、易结块或者易发热，要做出处理措施。要针对每种原料确定监控方式：可以与现场质量巡查工作结合进行，规定现场巡查的部位和频次，并根据原料特性进行动态调整，如定期观察原料的粒度、颜色等，同时关注贮存的物理环境变化情况。对于能量、蛋白质类原料等，分品种进行必要的理化指标和卫生指标的检测，检测频次根据原料贮存环境和时间变化适当调整。应当对异常情况做出明确规定，及时处置。例如，贮存过程中原料出现发热、霉变、气味异常；使用过程中粒度超出标准要求；原料出现虫蛀、结块、鼠害等；贮存过程中出现淋雨、吸湿等情况。对于预期会发生异常的原料进行提前处置，如鱼粉倒垛、玉米倒仓，对临近保质期的原料进行优先使用等，对易变质原料及时安排使用等；对于已经存在问题的，根据问题严重程度由库管人员根据权限做出处置，但库存原料出现严重问题的，应当按照不合格品进行相应的处理。

（四）特殊原料的贮存管理

贮存维生素、微生物添加剂、酶制剂等对温度有特殊要求的原料，应当建立独立的贮存空间，要求贮存间密闭性能良好，配备空调，并具有控制温、湿度的设备设施，对温度进行监控并记录。特殊原料的贮存需注意以下问题：

①空调要与热敏物质贮存间匹配，这类产品贮存条件是20℃以下。

②要在实际操作中确实做到监控、记录并实施有效控制。

③热敏间大小应当根据企业实际生产需求和季节性贮存需求

设定，但要避免出现因进货过多放不下而堆放在其他地方的现象。

对于危险化学品类原料的管理，应按危险化学品管理要求，设独立的贮存间，贮存间应当设立清晰的警示标识，双人双锁管理。要做好库存、领料、结存日清日结。对于药物饲料添加剂的贮存管理，要求独立的贮存间，防止与其他饲料添加剂交叉污染的措施。尤其要注意贮存间的现场管理、药物饲料添加剂的分类标识、领用记录。

（五）原料库房的虫鼠防范

仓库应具备分类存放要求，具有防鼠、防鸟、防火等设备设施，根据原料性质和存放要求分类、合理存放。

库房的墙壁应当严密无裂缝或者没有洞口，安装管道后应当及时堵塞洞口。所有与外界或通道接触的门应严密无空隙；仓库进出原料口安装挡鼠板，有些企业采用铝制自动卷帘门，工作期间无物料进出时，采取使用一体式纱帘遮挡或其他超声波驱鸟器等有效措施。

定期对原料货位底部、库房角落等进行仔细检查。

对库存原料发现破包且有啮齿类动物活动痕迹的，应当及时查找和处理。

三、饲料原料的加工管理

（一）饲料加工管理要点

1. 原料投入管理　在饲料生产车间，原料的投入是生产的第一道工序。原料品种繁多，包括各种维生素、添加剂、蛋白质原料和能量原料以及矿物质和微量元素，所有原料都需要人工投入才能进入下道工序。投料时应检查原料品质是否有变化，发现原料有异常时应及时采取相应的处理措施，严格要求工人把不合格的原料及时挑选出来，而不能进入下道工序。例如，玉米是主要的饲料原料，易受霉菌污染而带毒素，应拣出霉粒；色泽异常、气味不良及霉变结块的劣质豆粕，也不应作为饲料原料使用。人工投料，必须保证投料数量、规格、品种和顺序的准确性以及原料的物理感观良好。对于投料工人要建立投料手续和误投、错投报告制度。进料工作流程见图4-2。

2. 原料的运输与清杂　饲料原料要装入仓内贮存一定时间，这也是容易产生问题的一个环节。原料应被准确地输送到对应的配料仓。在斗式提升机底部、刮板输送机、螺旋输送机和溜管缓冲段易产生污旧料的残留，容易产生交叉污染，因此要定期清理这些部位，一般每20～45天清理1次。另外，原料中的较大杂质和磁性杂质必须得到清理，以保证饲料加工设备的安全和饲料质量。

3. 配料工序　随着技术的不断更新，饲料加工都使用计算机自动配料系统。大多数采用计算机及高精度仪表相结合的控制形式，配料精度高，人机界面丰富、友好，控制方便、灵活。但是这一环节仍然会产生问题：在计算机操作时，存在着人为输入和控制的误差；存在参数的设定不合理问题；存在系统的误差问题。这些因素表明生产配料系统中存在着配方失误和系统错误的隐患。因此，应该对配料系统进行长期的维护，如对计算机系统进行维护、对计量的准确性进行定期检查、对岗位操作人员严格要求和培训等。

4. 粉碎工序　粉碎工序是饲料厂的主要工序之一。粉碎质量直接影响到饲料生产的产量和电耗，同时也影响到饲料的内在品质和饲养效果。粉碎的粒度要随着猪群年龄有所不同，当粉碎的粒度不符合要求时，对消化吸收有所影响；而且当不符合粒度要求的物料产生后，将严重影响饲料质量和生产效率。生产前要

流程	叙述	负责人	记录/参考
进料	进料:收到仓库的送检通知单,准备验收	仓管员/检验员	《送检通知单》
查看产品检验报告	查看产品的检验报告:要求供应商提供产品检验报告	检验员	《产品检验报告》
判定	判定:检查产品检验报告上的各指标是否符合要求	检验员	《产品检验报告》
合格	合格:报告合格后再抽样检验;	检验员 品管主管	《原材料内控标准》
通知主管(NO)	不合格:通知品管主管		
知会仓库,退货	知会仓库、退货:在送检通知单填写不合格,交予仓库,退货处理	检验员 仓管员	《送检通知单》
知会采购部	知会采购部:与采购部沟通该供应商提供该批次产品的问题	品管主管 采购员	《质量内部联络单》《供应商每批供应记录表》
抽检 / 合格	抽检合格:抽检合格,交予仓库	检验员/仓管员	《送检通知书》
入仓	入仓:仓库接收到送检单,安排入仓	仓管员	
存档	存档:所有文件检验记录存档	检验员	《原材料检验报告》《每月原材料质量统计》

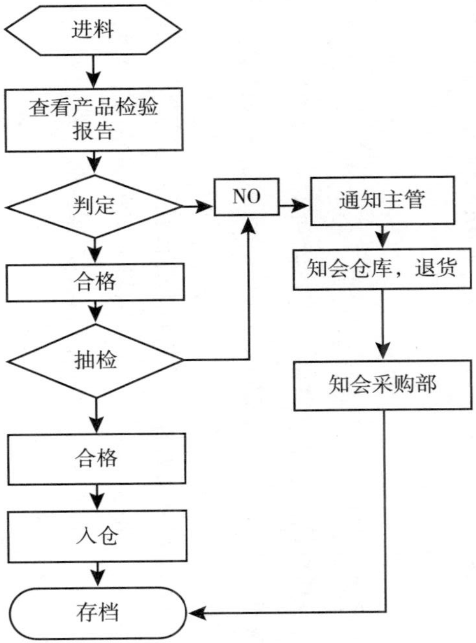

图4-2 进料工作流程

检查粉碎机的筛片有无破损，齿板方向及磨损情况，锤片有无缺残，以及针对将要粉碎物料给料控制器的调节大小等，发现异常应及时改正。

5. 混合工序 近年来，在国内外饲料厂中已经推广使用卧式双轴桨叶式高效混合机，其混合均匀度变异系数小，每批混合时间只需 30～90 秒钟。但是，在安装到自动化生产线的时候，必须注意混合机与其他设备应当匹配。其次，混合物料粒度大小的差异、物料密度的差异、机器设备工作状态等也会影响混合均匀度。应该要求机械维修工人定期对混合机进行检查，如检查混合机内表面是否黏附有较多物料、出料门开关是否到位等，一般每 2～4 个月检查 1 次。

6. 制粒工序 颗粒加工是饲料加工中的一个深加工过程，调质器、制粒机和冷却器以及破碎机等设备在使用时，很多部位都需要操作工人去操作、调整，必须技术熟练才会确保产品的质量要求。调质是饲料制粒前进行水热处理、软化粉料的加工过程。制粒前的调质是较难操作的环节，调质时蒸汽量、给料量的调整都关系到饲料质量和生产效率，调质滞留时间对调质和制粒质量都有影响。这一过程也对热敏性营养成分维生素 A、维生素 E、维生素 B_1、维生素 C 和叶酸有明显影响。制粒的调质成形温度一般不要超过 75℃。有试验表明，75℃和 95℃的制粒温度，可使 β-葡聚糖酶的活性分别降低 25%和 45%，超过 110℃则 β-葡聚糖酶和纤维素酶活性大部分丧失，同时也会降低饲料的消化率和灭菌效果。

颗粒的切割或破碎是颗粒成型的最后一道工序，调整切刀破碎出更符合要求的颗粒，这对饲料加工车间操作工人的操作水平要求很高。需要他们不断从工作中积累经验，掌握颗粒生产技术，保证产品质量。

7. 打包及其他工序 质检员要对产品进行全方位的检测、

检查，通过检查可发现产品存在的缺憾或质量问题，及时反馈给生产的控制者，反馈的建议或信息能使生产者确定生产出现问题时是否需要停下来，进行改进，以保证产品质量。在打包时，当标签被加入并封口后，必须保证没有生产失误问题，粒度符合要求，主要营养指标检测合格，标签和包装袋使用无误，包装重量在误差规定范围之内。严格把住这一道质量控制关，产品的质量才有了最后的保证。

饲料成品的保管环节同样很重要，应认真、科学、合理地进行保管，饲料才不会出现问题。为了对饲料质量进行有效的控制，要求专业工作人员参与产品跟踪、监测和保管工作。

（二）制定饲料加工操作规程

猪场应当根据饲料生产实际工艺流程，制定主要作业岗位操作规程，其中各项操作规程要点总结如下：

1. 小料配料岗位操作规程　制定此操作规程要注意 3 个要点。

（1）**完整性**　应包含如下内容：①规定小料原料的领取与核实；②小料原料的放置与标识；③称重电子秤校准与核查；④现场清洁卫生；⑤小料原料领取记录；⑥小料配料记录等内容。

（2）**可操作性**　包括：①一定要与实际的配料间、操作设施、配料人员等生产实际相适应。不得生搬硬套其他公司的规程；②制定的操作步骤可操作性强，与实际生产操作一致。

（3）**注意事项**　①配料勺直接标记配制物料名称，一料一勺；②配料勺不得采用易生锈材质，并保持干净整洁；③配料间大小应能满足最大配料量的需要；④配料间小料，特别是配好的中间产品应摆放整齐，标识明确；⑤对于有条件的企业，可将岗位操作规程配以图文标识，上墙明示。

2. 小料预混合岗位操作规程　投料顺序应规定详细，应直接规定使用的是何种稀释剂。预混合时间规定最佳混合时间实验结果，直接写明混合时间。预混合产品的分装应与实际每次添加所投放的重量一致。特别注意应规定小于 0.2% 的原料需进行预混合。

3. **小料投料与符合岗位操作规程**　应注意对于小料投放仅一个品种的操作来说，可以采用投料后电子秤显示复核的方式进行复核。但对于多品种小料投料，必须采用先复核、后投料的岗位操作方式。但无论采用何种方式，现场投料工都必须确认复核结果并做好记录。小料投放指令应与生产实际一致，采用声、显复合式的，应在操作规程中表述清楚。

4. **大料投料岗位操作规程**　注意感官检查，主要是指物料投放时，对物料的结块、霉变及其他异常情况进行的常规检查及处理要求。从垛位取料，一般应遵循先进货先取料原则。

5. **粉碎岗位操作规程**　此操作要注意：采用无筛粉碎机（如立轴式微粉碎机），则规程中可以规定为分级机的转速参数，来表示不同的细度目标。粉碎料入仓检查是指粉碎后的物料入仓时的细度如何检查及检查频次。不同型号、不同规格的粉碎机，应制定不同的岗位操作规程（本条同样适用于其他设备岗位的操作规程）。

6. **中控岗位操作规程**　一是要注意设备开启与关闭原则，开启前与现场互相确认原则，从后往前开启、从前往后关闭。二是混合时间根据最佳混合时间实验结果，直接写明混合时间。三是配料误差核查应写明核查出问题后如何处理及处理权限。四是可采用视镜式仓位监控视频方式对进仓原料进行核实。

7. **制粒岗位操作规程**　此规程要注意相关设备，如分级筛筛网、破碎机轧距、调质器清理、冷却器清理等前后工序设备的相关参数及操作要求，其相应的操作规程要编写齐全。

8. **膨化岗位操作规程**　此规程同样注意前后工序设备不得遗漏。有原料膨化机的，同样应单独制定该膨化岗位的操作规程。

9. **包装岗位操作规程**　包装岗位要在现场进行标签日期操作的，应在操作规程中注明。包重校验一般是 10～40 包校验 1 次。操作规程中应有头尾包料处置原则。

10. **生产线清洗操作规程**　应与防止交叉污染措施（制度）的清洗原则、清洗料的使用原则相一致。生产线清洗效果评价应有专门的记录表单，能够清楚说明采用该清洗方法后的效果能达到防止交叉污染的目的。

（三）建立饲料加工管理制度

1. **防止污染管理制度**　饲料生产应当采取有效措施防止生产过程中的交叉污染以及外来污染。在这方面的常见问题包括：①没有制定详细的清洗原则，仅仅是一句"无药物的在先、有药物的在后"。②没有遵守"生产含有药物饲料添加剂的产品后，生产不含药物饲料添加剂或者改变所有药物饲料添加剂品种的产品的，应当对生产线进行清洗"原则，自行规定其他原则的。③没有遵守"清洗料回用的，应当明确标识并回置于同种产品中"，将所有清洗料添加进同一种成品中。④小料配制时没有做到一料一勺，配料勺交叉混用。采用一个成品品种一把配料勺也不允许。料勺、料桶、秤台等不洁净。⑤防鸟、防鼠设施不完善，形同虚设；车间内鼠粪多、小鸟多。⑥设备表面粉尘污垢多，现场不清洁、杂物多，部分陈旧废弃设备没有清除。

2. **配方管理制度**　配方设计要遵循的原则是安全性原则、合法性原则、营养性及科学性原则，加工工艺可行性原则，并且要注意严禁使用违禁药物。对动物和人体有害物质的使用或含量应严格遵守有关国家的强制性规定。包括《饲料和饲料添加剂管理条例》《饲料原料目录》《饲料添加剂安全使用规范》等。

3. **产品标签管理制度**　标签内容应当符合《饲料标签》（2013版）标准的要求。值得注意的是：商品名称的字号不得大于通用名称；注意贮存条件中"阴凉"的使用，若没有温度条件的具体要求，可用通风、干燥、避免阳光直射等代替。

4. **混合均匀度管理制度**　关于混合均匀度的问题，重点在于混合机的试验方法。2014版国标《饲料混合机试验方法》中4.1.1按批次式混合机最佳混合时间，混合机的装料量为额定批次装料量。采用标准试验物料时，从示踪剂开始添加时计时；若为卧式桨叶混合机，则混合到30秒钟停机进行第一次抽样，以后每间隔15秒钟停机抽样1次、共停机10次，每个时间点抽取10个样。若为立式混合机，则混合到180秒钟停机进行第一次抽样，以后每间隔60秒钟停机抽样、共停机10次，每个时间点抽取10个样。企业要注意的是熟悉什么是最佳混合时间及其他实验方法；每一台混合机（含预混合机）都必须确定最佳混合时间及定时进行均匀度验证。

5. **生产设备管理制度**　建立生产设备管理制度和档案。其中，关键设备操作规程应当规定开机前准备、启动与关闭、操作步骤、关机后整理、日常维护保养等内容。含粉碎机、混合机、制粒机、膨化机、空压机等关键设备。内容要完整、实用、可操作。维护保养记录是定期的，要事先做计划，而维修记录大都是突发性的，两者性质不同，一张是健康卡，另一张是病历卡，不能合二为一。记录内容要完整、客观。关键设备应当实行"一机一档"管理，基本信息表是出生证及身份证，编号就是工艺设备中的唯一编号。"一机一档"就是将该设备的身份证、健康卡、病历卡、使用说明书、操作规程单独归档，方便管理。

（四）全价饲料质量控制管理

全价饲料产品质量控制的要求，包括出厂检验、定期检验、检验能力认证、产品留样观察等内容。

1. 出厂检验　对生产的饲料进行产品质量检验；检验合格的，应当附具产品质量检验合格证。未经产品质量检验、检验不合格或者未附具产品质量检验合格证的，不得出厂。产品出厂验必须在企业的检验室由检验人员进行，并且批批要检验。只要签发了检验合格证，就意味着对产品的质量安全负责，与检验项目多少没有直接关系。

2. 定期检验　产品定期检验必须在企业的检验室由检验人员进行，不得委托其他单位进行检验。如果出厂检验的指标涵盖了定期自行检验规定的主成分指标，企业可以不再进行定期检验。

3. 检验能力的认证　验证能力认证的要求，其中对验证结果进行评价，至少要进行以下工作：①预先设定符合性判定值。需要事先给出判定验证结果是否符合预期的检测项目的数值或误差值。②对验证结果进行判定。要将每一个检验项目的 2 次或 2 个检验结果，按照预先设定的符合性判定值进行比对，给出检验项目的验证结果是否符合预期的设定判定值的结论。③对检验验证结果不符合预期的，要认真查找原因，总结经验和教训，并采取必要的纠正措施或预防措施。④在检测结果接近判定值的高限或是低限时，一定要引起警惕，加大能力验证的频次。

4. 产品留样观察　产品留样的作用包括：为制定产品保质期提供基本数据；观察使用后的产品品质变化情况；作为产品投诉和召回时的实物对照；用作检验能力验证。

（1）**留样数量**　用于留样的样品与检验样品一样，是在产品抽样时一并被抽取的。抽样人员在对出厂的产品进行抽样时，就要考虑所抽产品要同时满足产品检验和留样观察的要求，如样品质量、抽样份数以及样品标识等。

（2）**留样标识**　为了保证能从留样顺利追溯到产品，要在留样上标识产品名称或编号、生产日期或批号、保质截止日期等信息。至于是标识产品名称或赋予留样一个编号，根据能有效追溯的原则确定。留样编号具有唯一性，任何时候都不易混淆。标识留样编号还能实现产品的留样与产品的出厂检验记录、定期检验记录、仪器使用记录、产品检验报告、留样观察记录中有关产品信息的有效链接，从而实现有效追溯。

（3）**贮存环境**　产品留样的贮存环境，包括温度、湿度、光照、通风等。应与其产品标签上的贮存条件与贮存环境保持一致。

（4）**对每批次产品实施留样观察**　对于产品留样的观察频次，由企业依据产品自身的特性、包装材料、保质期长短或业内通行的做法自行确定。

（5）**填写并保存留样观察记录**　留样观察记录应当包括产品名称或代号、生产日期或批号，保质截止日期、观察内容、异常情况描述、处置方式、处置结果、观察日期、观察人等信息。

（6）**留样保存时间**　应当超过产品保质期 1 个月。

（7）**异常情况界定**　产品留样观察的主要目的就是发现异常并处置，所以如何界定异常就显得尤为关键。应依照产品质量标准和实践经验，做出什么是正常或者什么是异常的明确界定。有些界定可能是客观定性，如色泽、气味、分层、絮状物；有些界定要定量描述，如霉变、结块、虫蛀、沉淀的程度以及水分、主成分指标的含量值等。关于产品留样异常情况的处置，正常情况下，产品留样出现异常的概率很少，但不能保证不会发生异常。一旦发现产品留样的异常，一方面要调查追溯未出厂和已出厂产品有无异常现象，另一方面要追溯当批产品的抽样检验记录、包装感观记录、制粒或膨化记录、原料巡查记录、投料感观记录及产品库、原料库、留样库，密封袋的环境条件控制等。一旦证实生产的产品发生了异常，就必须采取紧急措施予以处置。确认产品应当召回的，应立即启动召回程序。

（8）**到期样品处理** 对于到期样品的处理问题，留样保存时间应当超过产品保质期 1 个月，此期间不能回机，但最后可以作为肥料等方式处理。

四、全价饲料的使用计划

（一）饲料供应计划的编制

饲料是猪场最主要的生产原料，年度饲料供应计划可按下述方法编制。

1. **猪群经产母猪年度用料估算** 每头母猪年产仔 2 窝以上，2 个哺乳期用料 380 千克；待配、妊娠期母猪日粮为 2.5 千克，共计 295 天，用料 737.5 千克；每头母猪全年共用饲料 1 117.5 千克；全场饲养 N 头母猪，年度母猪需供应饲料 1 117.5N 千克。

2. **公猪年度用料估算** 公猪每头日粮 2.7 千克，全年用料为 985.5 千克，猪场饲养公猪 0.03N 头，全年公猪用料量 29.6N 千克。

3. **后备猪年度用料估算** 猪场年更新种猪 30%，后备猪从 75 千克培育到配种，每头后备猪用料约 170 千克，后备猪用料量为 51N 千克。

4. **哺乳仔猪和保育猪年度用料估算** 哺乳期每头仔猪用料约为 2 千克，年产断奶仔猪 18N 头，全年哺乳仔猪用料为 36N 千克。仔猪在保育期 42 天内，体重由 7 千克增重到 25 千克，增重 18 千克，此阶段每增重 1 千克活重耗料 2 千克以下，每头仔猪用料 36 千克，全年产育成仔猪 17.1N 头，总用料量 615.6N 千克。

5. **育肥猪年度用料估算** 育肥猪 90 千克出售，育肥期料肉比为 3∶1，育肥期增重 65 千克，每头育肥猪用料 195 千克。猪场年产商品猪 16.76N 头，总用料 33 268.2N 千克。

总之，养猪场全年饲料用量为以上各项合计量，总需用饲料 5 117.9N 千克。年产商品猪重量 =16.76N × 90=1508.4N 千克。现代化养猪场全年均衡生产，日存栏猪全年内基本无变化，这样可算出：

$$日需饲料量 =5117.9N \div 365=14.02N\ 千克$$
$$月需要饲料量 =5117.9N \div 12=426.5N\ 千克$$

养猪场按饲料供应计划要备有至少 1 个月所需外购饲料的周转费用，如本场加工饲料，要配备可用 3 个月加工饲料原料的周转费用。

（二）建立完善的饲料供应体系和饲喂制度

1. 建立饲料供应体系　一般养猪生产饲料费占总开支的 75%～85%，为了降低饲料费用可采用两种方法：

一是养猪场自己加工饲料为主，外购饲料为辅。用于贮存原料所占用的资金多，一些具有一定生产规模的猪场可采用这种方法；

二是饲料全部外购，小型猪场和养猪专业户适合采取此种方法。

2. 科学饲喂制度　要根据不同的猪种、猪群对营养的需要和饲料营养水平制定饲喂制度，这是保证效益的重要技术措施，同时又可避免饲料的浪费。

总之，猪场的经营管理是很重要的保证经济效益的方法，广大从事养猪生产者务必要引起重视，以免造成不必要的损失。

第五章

猪场兽药管理

一、兽药的采购管理

兽药，是指用于预防、治疗、诊断动物疾病或者有目的地调节动物生理机能的物质（含药物饲料添加剂），主要包括：血清制品、疫苗、诊断制品、微生态制品、中药材、中成药、化学药品、抗生素、生化药品、放射性药品及外用杀虫剂、消毒剂等。

猪场应当采购合法兽药产品，应当向兽药经营企业索取单位的资质、质量保证能力、质量信誉和产品批准证明文件，进行审核，并与供货单位签订采购合同。应当把兽药质量作为选择兽药产品和供货单位的首要条件，确保购进的兽药符合法定质量标准。

（一）对兽药生产企业的质量审核评估

1. 企业的合法性评估　要求每个供货的兽药生产企业提供加盖生产企业公章的《兽药GMP证书》或兽药GSP证书，《兽药生产许可证》《营业执照》的复印件，进口兽药要有加盖生产企业公章的《进口兽药注册证书》的复印件。

2. 对兽药生产企业经销人员的评估　要求每个供货的兽药生产企业提供加盖生产企业公章的《企业经销人员授权书》及其身份证复印件。

3. **产品的合法性审核**　要求每个供货的兽药生产企业提供加盖生产企业公章的每个进货兽药产品的批准文号批件的复印件。

4. **进货产品质量的审核评估**　要求兽药生产企业提供加盖生产企业公章的每个进货兽药产品的产品质量标准、每个批次兽药产品的检验报告与产品合格证。

5. **对兽药经营企业的质量审核评估**　中小猪场从兽药经营企业进货时，需要对进货方进行资格和质量保证能力的审核。向拟进货品种的兽药经营企业索取加盖该经营企业公章的经营企业的供应商审核评估档案的复印件，以确定该兽药经营企业的每个供应商的合法性。

6. **兽药供应商审核评估的网络确认**　登陆中国兽药信息网"www.ivdc.gov.cn"，在首页的右下部"兽药企业数据库"下，单击"GMP 证书查询"，在出现的对话框内输入供货企业的名称，单击"查询"；查看其"兽药 GMP 证书"的编号是否与供应商审核档案上的内容一致。

在"兽药产品数据库"下，单击"兽药产品查询"，将所需进货的产品批准文号输入出现的对话框内，单击"查询"查验其批准文号的真伪；或者输入该生产企业的名称，查看其所有被农业部批准的产品批准文号列表。没有取得批准文号或套用其他产品批准文号的，均为假兽药。

查产品规格：查标签上标示的规格与兽药的网络确认规格是否相符，辨别真伪。

将网络查询的相关页面下载并打印出来，附在相关质量验收的档案之中。

（二）建立兽药采购管理程序

中小猪场编制购货计划时，应以兽药质量为重要依据，并由质量管理人员参加；购买兽药的品种、数量应根据猪场需求，由兽医人员制订计划。然后，由采购人员按照管理程序进行购买，采购兽药应当签订购销合同，合同内容应当具有保证兽药质量的条款和违约的责任。

采购合同应当载明兽药的商品名称、通用名称、批准文号、批号、剂型、规格、有效期、生产单位（供货单位）、购入数量、货值金额、购入日期、经手人、查验人等项内容。采购兽药应当保存进货的有效凭证，建立真实、完整的采购记录，做到票、账、货相符。

猪场的采购人员应按照《兽药质量信息采集管理制度》及时上网"www.ivdc.gov.cn"，在首页的左下部"监督检验"下，查看国家农业部的兽药质量通报；对照检查自己的使用产品中有无通报中的不合格产品。若有，立即退回经销商并妥善处理。

在日常采购中做到，不从被通报的黑名单厂家进货，不使用假劣兽药。对采购的兽药进行检查验收，对货与票不符、包装破损、过期失效、标签不符合规定的兽药不得入库。

（三）兽药外观验收

1. 看标签与说明书 　根据《兽药管理条例》第二十条和农业部第 22 号令《兽药标签和说明书管理办法》的规定，用户在购买兽药时应先看标签，标签上应注明：兽用标识，兽药的通用名称、成分及其含量、性状、规格、生产企业、产品批准文号（进口兽药注册证号）、产品批号、生产日期、有效期、适应证或者功能主治、用法、用量、休药期、禁忌、不良反应、注意事项、贮藏运输保管条件等及其他应该说明的内容；还应有企业信息等内容。如果标签上缺少上述内容，或虽有但是不全或内容的顺序不对及与事实不相符合者，应对其内在质量置疑。

2. **看包装** 检查兽药的包装，也能看出兽药是否合格。用塑料袋封装的，应注意检查封口是否严密；用玻璃瓶封装的，注意检查瓶盖是否密封，有无松动和裂缝，瓶塞有无明显的针孔，有无裂缝或药液释出；用安瓿封装的，注意检查安瓿是否洁净，封头是否圆整，安瓿上喷印的字迹是否清晰、完整。有些药物需要密封避光保存，若使用无色不遮光的回收输液瓶包装，就无法达到保存要求，不能使用。同样的道理，需要避光保存的片剂和预混剂，若使用无色塑料袋包装，容易出现降解等变质现象，也是不合格产品。还应检查盒装针剂有无碎瓶、空瓶，原粉药是否重量不足。

另外，疫苗、血清、抗毒素等生化药品应冷藏保存，切不可购买常温贮存的这些药品。

3. **查产品规格** 看标签上标示的规格与药品的实际规格是否相符，主要看标示装量与实际装量是否相符。抗生素粉针可目视其装量是否足够，水针注射液的装量可粗略目视，并在日光下观察其澄明度，溶液内不得有黑点、白块、纤维丝及玻璃屑等明显的异物，个别品种在冬季允许析出少量结晶者，温热后应能全溶。

4. **查兽药有效期** 识"批号"。产品批号是用于识别"批"的一组数字或字母加数字。一般由生产时间的年月日各两位数加生产批次组成，没有产品批号的兽药应禁止使用。相当一部分兽药同时还规定了有效期或失效期。超过了有效期或已达到失效期的兽药，即为过期兽药，不宜再使用。

5. **查合格证** 拆开兽药外包装后，要注意检查内包装箱（袋）上是否附有说明书和产品质量合格证。合格证上应有企业质检专用章、质检员签章、装箱日期。没有产品合格证的，不是正规厂家的产品，不能使用。

6.**查是否禁用**　看是否属于国家禁止使用或淘汰的兽药，如瘦肉精、呋喃唑酮、氯霉素、安眠酮、已烯雌酚、吗啉胍、利巴韦林、金刚烷胺等，均属于国家禁止使用的兽药；盐酸黄连素注射液、2％或4％氨基比林注射液等，都属于淘汰兽药。凡是国家宣布禁用、淘汰的兽药，均禁止销售和使用。

7.**检查兽药二维码**　根据农业部2210号《推进兽药产品质量安全追溯》公告要求，2015年7月31日前，实现重大动物疫病疫苗全部附二维码出厂、上市销售。已附兽药二维码的重大动物疫病疫苗产品，不再加贴现行的防伪标识；2015年12月31日前，实现所有兽医生物制品、兽用原料药和兽用处方药类产品全部附二维码出厂、上市销售；2016年6月30日前，实现所有兽药产品附二维码出厂、上市销售。在上述3个截止日期前生产的未附二维码兽药产品，在产品有效期内可继续流通使用。目前市场上有些兽药产品包装已印二维码，有的产品能扫描出产品信息，而有些产品则不能扫描出产品信息，在购买时要特别注意。

（四）建立兽药采购备案制度

规模养殖场采购兽药应从具备合法资质的企业购进，并索要有关企业和兽药产品的资质证明材料，包括《兽药生产许可证》《兽药经营许可证》《兽药GMP证书》或兽药GSP证书和产品批准文号批件等。应保留兽药采购凭证，做好采购记录。详细填写规模养殖场兽药采购记录表，采购记录须载明供货单位、联系人、联系方式、采购数量、批准文号、产品批号、有效期和采购日期等内容，保证记录真实、准确、完整，确保购货渠道的合法性和可追溯性。建立完善的供货单位和兽药产品信息管理档案。档案内容应包括供货单位的生产（经营）许可证、营业执照、产品批准文号批件、产品批号、产品质量合格证、出厂检验报告等复印件，并将上述信息报送当地兽医行政管理部门进行审核备案。同时，应对购进的兽药和使用后剩余的兽药设置专门的库房存放，库房应具有防潮、防虫、防鼠、防冻和冷藏等功能，并配置必要的冰箱、冰柜、防蚊（蝇）灯、温（湿）度计等设施设备。

二、兽药贮存管理

根据《兽药管理条例》第二十九条规定，建立兽药的库存纪录，查验纪录和兽药处方记录等。

（一）建专用药房，建立库存记录

猪场要建专用兽药房，设置与兽药贮存需求相适应的、与诊疗区和养殖区分开的兽药药房，兽药药房内墙壁、顶棚和地面光洁、平整，门窗严密。兽药药房应当配备遮光、通风设备；监测和调控温、湿度的设备；符合安全用电要求的照明设备；防尘、防潮、防污染、防虫、防鼠及防火等设施；配备与兽用生物制品及微生态制剂贮存要求相适应的冷藏设备。兽药与墙、屋顶（房梁）的间距不小于 15 厘米，与地面间距不小于 5 厘米。兽药贮存时，不得拆开最小包装。所有购进的药物，都应按照标签说明书的规定条件贮存，进行入库登记，建立贮存登记记录，录入计算机，建立纸质档案和电子档案。

（二）兽药验收入库

养殖场购进兽药，必须建立并执行进货检查验收制度，并建立真实、完整的兽药购进验收记录。对要求保持冷链运输条件的兽药，还应当检查运输条件是否符合要求并做好记录；不符合运输条件要求的，应当拒绝接收入库。兽药入库前，保管员要对兽药进行初验，初验内容：外包装是否损坏、生产批号和生产日期是否清晰、是否在有效期内、产品数量等。兽药先放置在待验区。入库记录包括以下项目：入库时间、药物通用名称、商品名、生产批号、生产日期、生产厂家、检验结果、有效期、批准文号、数量、规格等相关项目。

有下列情形之一的兽药，不得入库：假、劣兽药；人用药品；原料药及国家明令禁止使用的药品及其化合物；与进货单不符的；内、外包装破损可能影响产品质量的；没有标识或者标识模糊不清的；异常的；其他不符合规定的。

（三）设立兽药存放架，便于兽药分类保存

根据兽药的性质、剂型进行分类保管，一般可按固体、水剂、粉剂、片剂、针剂、液体等剂型及普通药、剧药、毒药、危险药品等分类，采用不同方法进行保管。对于剧药、毒药与危险药品应设专账、专柜、加锁，由专人保管。每个药品必须单独存放，要有明显标记，且要贴红色醒目标签，注明药物名称，以免误用。兽药一定放到儿童接触不到的地方，药房要上锁。另外，新购进的瓶、袋和盒等原装兽药最好保留原标签，尽量用原包装物包装。如无原包装，应在棕色瓶外贴纸片，并标明药品名称、用法用量、药理作用和慎用及禁忌证，还要注明装入日期、出厂日期和有效期。外用药最好用红色标签或红色笔书写，以便区别，避免内服。名称易混淆的药品也要分开贮存。

（四）设立明示签，建立定期查验记录

大多数兽药因其性质或效价不稳定，尽管保存条件适宜，时间过久也会逐渐变质、失效，兽药保存不宜过久。猪场对于不同时期购进保存的兽药在做好记录的同时，应建立明示签，分期、分批保存，并设立专门卡片，建立定期查验记录，合理存

放，注意近期先用，以防其过期失效。按期查验所保存的兽药，如发现保存的兽药超过保质期，应及时处理和更换，避免使用超过保质期的兽药。

驻场兽医计算好猪群的治疗范围，调整好兽药的使用计划，尽量做到当天购买当天使用，规模养猪户存放的兽药不宜过多，争取随时用药随时购买，避免兽药存放不当而使兽药质量变化的事情发生。

（五）依据兽药的特性贮存与保管

容易出现光解的兽药，应避光保存，包装宜用棕色瓶或在普通容器外面包上不透明的黑纸，并防止日光照射。

在贮存时，易潮解吸湿的药品，应密封于容器内，置于干燥处，并注意通风防潮贮存。

易于风化的药物密封保存，还需置于适宜湿度处保存，空气相对湿度以50%～70%为宜。

受温度影响的药品，要防止受热或防冻结。标示"在阴凉处保存"，一般是指保存环境温度不超过20℃，如抗生素类药品的保存。标示"冷处保存"或"冷藏保存"是指4℃～8℃的环境温度保存，生物制品的保存，如一些疫苗或菌苗的保存。

在保管过程中，容易吸收二氧化碳的药品，需做到封闭包装，置于阴凉处保存。

对于一些中草药，在高温潮湿季节容易吸湿、发霉和被虫蛀，在贮存过程中，要放在阴凉、通风、干燥的地方，并要注意防虫害，每到夏季高温、高湿时要经常晾晒，妥善保管。

（六）建立温、湿度监控记录

兽药管理人员应当做好兽药贮存温、湿度的监测和管理，定时对兽药贮存温、湿度进行记录。兽用生物制品、微生态制剂的保存环境需单独进行监测和记录。

（七）建立健全兽药出库制度

兽药出库使用应当遵循先短效期、后长效期，先产先出、先进先出、近有效期先出和按批号使用的原则。

领取出库兽药，必须凭主管兽医签字、兽药质量管理人员审核。领取处方兽药的，必须凭兽医处方，现领现用。

出库项目记录包括出库日期、通用名称、商品名、规格、生产批号、出库数量、发往部门、收货人、发货人等。出库记录要求字迹端正、准确、清晰、及时，做到账款、账物、账货相符，发现质量问题应及时报告质量负责人；记录保存至该兽药有效期后 1 年（无有效期的保存 3 年）。

每月核对兽药进出情况，日清月结，做到账、物相符。有计划地分发使用，避免浪费。

三、兽药使用管理

（一）建立兽药使用记录制度

猪场应当遵守国务院《兽药管理条例》及兽医行政管理部门制定的兽药安全使用规定，科学、安全、合理使用兽药。应当按照兽医处方和兽药标签、说明书规定的用法、用量，食用动物还需根据动物养殖、出栏情况等确定休药期，并建立兽药使用记录。记录应当载明兽药产品商品名称、通用名称、规格、批号、使用数量、使用方式、休药期、使用日期、使用人等事项，记录准确、真实、完整。兽用处方药的使用记录需单独建立。由驻场兽医详细填写《规模养殖场兽药使用记录表》，记录要真实、准确、完整。应将填写完整的《规模养殖场兽药使用记录表》统一

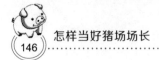

归档，并保存 2 年以上。

（二）建立兽药使用休药期制度

规模养殖场使用兽药须严格执行休药期制度。根据使用兽药的产品标签和说明书要求，在规定的休药期内动物源性产品不得屠宰或出栏销售。有休药期规定的兽药用于食用动物时，饲养者应当向购买者或者屠宰者提供准确、真实的用药记录；购买者或者屠宰者应当确保动物及其产品在用药期、休药期内不被用于食品消费。

规模养殖场使用有兽药休药期规定的兽药时，须建立使用兽药休药期记录。由驻场兽医详细填写《规模养殖场使用兽药休药期记录表》，记录力求真实、准确、完整。应将填写完整的《规模养殖场使用兽药休药期记录表》统一归档，并保存 2 年以上。

（三）建立养殖用药档案

规模养殖场要按照《中华人民共和国畜牧法》等法律、法规，认真填好养殖用药档案，详细记录药物使用情况。内容包括兽药名称、生产厂家、使用剂量、用药起止时间、用药效果、有无毒副作用、休药期及药瓶等废弃物的无害化处理方式等，为防止产生抗药性和药物残留，强化动物性食品卫生安全的溯源管理提供依据。

要对免疫情况、用药情况及饲养管理情况进行详细登记，并严格遵守兽药的使用对象、使用期限、使用剂量及休药期，还要规范填写"用药登记"，其内容至少包括用药名称、用药方式、剂量、停药日期。

（四）签订养殖场规范使用兽药承诺书

猪场一般都能够按照农业部《食品动物禁用的兽药及其化

合物清单》等有关规定执行，不购进和使用假劣兽药及违禁兽药；猪场使用兽药接受有关部门监管，并对监管情况进行记录，同时猪场与监管部门签订"养殖场规范使用兽药承诺书"。

认真执行《兽药管理条例》和农业部关于兽药使用相关的规定，在驻场兽医指导下，严格按照产品标签和说明书合理用药，不得超范围、超剂量使用兽药。应严格遵守农业部《食品动物禁用的兽药及其化合物清单》等有关规定，依法使用兽药，严禁使用假劣兽药、禁用兽药、人用药品和原料药。使用兽药时如发现假劣兽药、违禁兽药、原料药及疑似不合格兽药，应及时向当地兽医行政管理部门报告，不得自行决定做出退货、换货和销毁处理。对兽医行政管理部门发放的强制免疫或经备案自行采购的兽用生物制品只限自用，不得转手销售或他用。

（五）建立兽药使用监测记录

猪场应当经常开展兽药使用情况追踪调查和总结，规模养殖企业应当定期开展微生物耐药性监测、兽药药敏试验等，指导安全使用兽药，并做好记录。有条件的兽药使用单位也可以开展类似监测。应当在兽药进、存、用全过程中建立真实、准确、完整的记录，载明足够的信息，并由经手人签字负责，确保兽药使用的可追溯性。

（六）建立兽药质量管理制度和兽药质量管理档案

1. 兽药质量管理制度　兽药使用单位应当根据国家有关法律、法规，结合兽药使用的实际情况，制定兽药质量管理制度。对管理制度执行情况应当定期检查和考核，并做好记录。

质量管理制度应当包括以下内容：①有关部门和人员的质量责任；②供货单位、经手人资质审核制度及兽药购进质量审核制度；③兽药采购、验收、入库、贮存、出库、领用等岗位的管

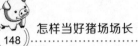
理制度；④环境卫生管理制度；⑤兽药休药期管理制度；⑥特殊兽药管理制度；⑦兽药不良反应报告制度；⑧不合格兽药管理制度；⑨兽药管理人员培训、考核制度。

2.**兽药质量管理档案**　兽药使用单位应当建立兽药质量管理档案，专柜存放。

兽药质量管理档案包括下列内容：①人员档案、健康档案、培训档案、供货单位资质档案、经手人资质档案、购进兽药质量审核档案；②进货档案、库存档案、出库领用档案、兽药报废档案；③兽药使用档案、消毒档案、免疫档案。

兽药使用管理档案不得涂改，保存期限不得少于2年。

第六章

猪场排泄物管理

生猪粪便污染治理是一项成本投入高、环境效益高、经济收入低的公益性、社会性、基础性的工作。根据养殖收益最大化原理，中小猪场只有污染治理收益大于污染治理投入的情况下，才会采取相应的污染治理措施。但是由于采取污染治理模式需要增加基础设施和污染治理维护费用投入，相对增大了养殖成本，猪场在没有外部干预的情况下一般不愿意主动进行污染治理。但是，污染物直接排放将导致农村的水体、土壤、大气等受到污染，使生态系统遭到破坏，人、畜健康受损。将污染环境影响范围内的各种损害折算为经济损失，就是对社会造成的经济损失，即生猪养殖产生的"环境成本"。

为了控制养殖污染，一些经济发达地区、大城市对养猪已经开始实行划区禁养，其他地方多数也要求猪场配套建设环保治污设施，对治污不达标的规模猪场实行征收排污费、限期达标等措施。

（一）合理选择猪场场址，进行环境影响评价

新建、改建、扩建生猪养殖场、养殖小区，应当符合畜牧

业发展规划、畜禽养殖污染防治规划，满足动物防疫条件。禁止在饮用水水源保护区、风景名胜区、自然保护区的核心区和缓冲区，城镇居民区、文化教育科学研究区等人口集中区域，法律、法规规定的其他禁止养殖区域内建设生猪养殖场、养殖小区。

对新建猪场进行环境影响评价。对环境可能造成重大影响的大型生猪养殖场、养殖小区，应当编制环境影响报告书。环境影响评价的重点应当包括：生猪养殖产生的废弃物种类和数量，废弃物综合利用和无害化处理方案和措施，废弃物的消纳和处理情况以及向环境直接排放的情况，最终可能对水体、土壤等环境和人体健康产生的影响及控制和减少影响的方案和措施等。

（二）建立猪场粪污处理区

1. 粪污无害化处理区

（1）**建设生猪粪便贮存场所和设施**　生猪养殖场、养殖小区应当根据养殖规模和污染防治需要，建设相应的生猪粪便贮存场所和设施，采取对贮存场所地面进行水泥硬化等措施，防止渗漏、散落、溢流、雨水淋失、恶臭气味等对周围环境造成污染和危害。粪污厌氧消化和堆沤、有机肥加工、制取沼气、沼渣沼液分离和输送等综合利用和无害化处理区及相应设备设施。对废弃物的处置首先要使其对环境无害化，然后在无害化的基础上实行资源化、生态化综合利用。

在建设传输、贮存、处理设施时，贮存设施的位置必须远离各类功能地表水体（距离不得小于400米），并应设在猪场生产及生活管理区的常年主导风向的下风向或侧风向处。贮存设施避免选在渗透性很好、地下水位很高或下面有岩石裂隙的地方。应采取有效的防渗处理工艺，防止畜禽粪便污染地下水。贮存设施应采取设置顶盖等防止降雨（水）进入。

对于种养结合的养猪场，畜禽粪便贮存设施的总容积不得低于当地农林作物生产用肥的最大间隔时间内本养殖场所产生粪便的总量，以保证猪场能够提供足够的贮藏容量和贮藏时间可以在田间条件、气候许可的情况下进行农田施用。对畜禽养殖废渣的运输，要采取防渗漏、防流失、防遗撒等措施，运输工具也要做清洁处理。

（2）猪粪污处理技术

①猪粪直接返田　是猪粪最原始的利用方式。猪粪中所含的大量氮和磷可以供作物利用。通过土层的过滤、土壤粒子和植物根系的吸附、生物氧化、离子交换、土壤微生物间的拮抗，使进入土壤的粪肥水中的有机物降解、病原微生物失去生命力或被杀灭，从而得到净化；同时，还可增加土壤肥力而提高作物产量，实现资源化利用。该方法适用于中小猪场、家庭农场等。

②高温堆肥处理　为避免长期、过量使用未经处理的鲜粪尿所造成的粪污微生物、寄生虫等对土壤造成的污染，以及寄生虫病和人畜共患病的蔓延，粪便采用发酵或高温腐熟处理后再使用，一般采用堆肥技术。堆肥处理是在微生物作用下通过高温发酵使有机物矿质化、腐殖化和无害化而变成腐熟肥料的过程。在微生物分解有机物的过程中，不但生成大量可被植物利用的有效态氮、磷、钾化合物，而且又合成新的高分子有机物腐殖质，它是构成土壤肥力的重要活性物质。

地面堆置发酵是目前较先进和最节省土建、人力资源的制肥模式，需将物料堆成长形条垛，由翻堆机定时对物料实施搅拌、破碎，在好氧条件下进行有机物的分解。可达到除臭、升温、灭菌、3天开始干爽、7天成肥，不仅比使用其他机械手段发酵方法速度快得多，而且效率高得多，还有效防止了发酵过程中硫化氢、氨气、吲哚等有害、恶臭气体的产生，既符合环保要求，又能大量生产优质的生物有机肥。在条件许可下，可设一小型有机肥加工厂，建筑面积约为 500 米^2，猪粪通过拌和、发酵和烘干制成有机肥。粪便处理达到 GB 7959—1987 标准。

③机械烘干处理　将猪粪进行机械烘干，不但可杀灭粪污中的病毒、病菌，防止粪污中的病菌再次传播，同时便于猪粪污保存。烘干的粪污可以直接还田，也可以经生物发酵后与其他配料配伍生产有机肥。

④沼气发酵　利用畜禽粪便进行厌氧发酵，发酵产生的沼气成为廉价的燃料，分离出来的沼渣、沼液制成优质肥料，不但保护了环境，而且提高了经济效益。实践证明，粪尿厌氧发酵能使寄生虫灭活，消除恶臭，减轻对土壤、水、大气的污染。将沼渣、沼液制成肥料，能增加土壤有机质、碱解氮、速效磷及土壤酶活性，使作物病害减少，降低农药使用量，提高农作物产量和品质。

⑤发酵床养猪原位消纳粪污工艺　该工艺改善了猪舍环境，猪舍无臭味，废弃的发酵床垫料可作为有机肥利用，能实现完全意义上的生态养殖。

优点：猪舍内猪粪尿、污物等原位置消纳，省却了粪污处理的设施及场地；该工艺可节约用水；减少舍内氨气、硫化氢等的排放；冬季保温效果较好，适合保育猪；可消纳大量农副废弃资源，如锯末、稻壳、秸秆、甘蔗渣等，促进废弃资源的循环利用。

缺点：翻堆垫料费工费力，处理不及时会产生蚊虫、臭味、甚至死床，无法机械化操作；猪只直接接触垫料易导致接触性皮炎过敏、寄生虫、病菌感染；夏季天热猪只不愿在发酵床上生活，降温效果差。

随着垫料使用时间的延长，垫料发生着一系列复杂的物理、化学、生物反应，发酵床微生物对粪尿的消纳、降解能力也逐步减弱，此时垫料不再适宜养猪。与新垫料相比，废弃垫料中的盐分浓度增加，酸碱度改变，氮、磷、钾及重金属含量增加，碳氮比降低。废弃垫料经再次堆积发酵后，可作为有机肥还田利用。日本将锯末—稻壳型发酵床废弃垫料用于水稻、大葱等种植，改良土壤。发酵床废弃垫料应根据农作物和蔬菜品种、地力等差异，调整使用剂量，按有机肥标准合理应用。

2. **液体无害化处理区**　生猪养殖场、养殖小区应当根据养殖规模和污染防治需要，建设相应的污水与雨水分流设施，污水、沼液的贮存设施，污水处理等综合利用和无害化处理区及相应设备设施。

所有产生的污水未经处理严禁直接排放。建有污水处理设备的猪场必须经综合处理，达到排放标准后方能排放；没有建污水处理厂的老猪场，必须建有污水沉淀、过滤系统，污水经沉淀、过滤，接近排污标准后方可排放。各场均要尽量减少水的用量，既减小排污压力，又节约水源。

3. **病死猪无害化处理区**

（1）**建立无害化处理场所和设施**　生猪养殖场、养殖小区应当根据养殖规模和污染防治需要，建设相应的病死猪尸体处理等综合利用和无害化处理区及相应设备设施。

小规模养猪场已经委托他人对废弃物代为处理的，可以不自行建设处理设施，应与代理方签订代理合同、存档。

（2）**病死猪无害化处理技术**

①生物发酵池处理技术　利用一定比例的稻壳、锯末、米糠、微生物菌种拌匀放入发酵池内，病死猪在发酵池内被自然降解。生物发酵法处理病死猪需要的基本条件是建设发酵池、遮雨棚，填充发酵原料。发酵原料2～3年更新1次，发酵池、遮雨棚可长时间使用。

将病死猪装在事先准备好的塑料袋内，运至处理场，倒入处理池一侧，盖上事先备好的发酵原料，厚度不低于30厘米，顶面盖一层塑料薄膜即可发酵。一般死胎等软嫩尸体及母猪胎衣经5～7天发酵处理即可全部分解，仔猪、育成猪需10～15天，肥猪、母猪和种公猪需20天左右。若尸体过大，可以肢解成4～6份，20千克左右一块。

生物发酵法处理病死猪尸体属有氧发酵。发酵原料主要为发酵菌提供碳源，病死猪尸体主要提供氮源，发酵菌在充足的碳、氮组合环境中，迅速增殖发酵，产生热量，温度持续升高，温度达到80℃左右时不再继续升高，并保持相对恒定，直至病死猪尸体全部分解后，温度逐渐下降。病死猪通过发酵处理后，尸体和骨骼全部分解，与发酵原料充分混合后形成有机肥，处理效果非常好。

②高温生物降解处理技术　利用微生物可降解有机质的能力，结合特定微生物耐高温的特点，将病死畜禽尸体及废弃物进行高温灭菌、生物降解成有机肥的技术。

利用有机废弃物处理机对病死猪尸体进行分切、绞碎、发酵、杀菌、干燥五大步骤，经过添加专用微生物，使其在处理过程中生产的水蒸气能自然挥发，无烟、无臭、环保，将有机废弃物成功转化为无害粉状有机原料，最终达到批量环保处理，循环经济，实现"源头减废，消除病原菌"的功效。

③堆肥法生物降解处理技术　利用堆肥原理和设施，对病死畜禽进行生物发酵处理，即将动物尸体置于堆肥物料内部，通过微生物降解动物尸体并利用降解过程中产生的高温杀灭病原微生物。目前，动物尸体堆肥多采用静态堆肥和发酵仓堆肥。澳大利亚普遍采用这种方法。

堆肥法处理染疫动物尸体因具有经济环保、简单实用而又能资源化利用动物尸体和粪便的优势得到了人们越来越多的关注，应用前景广阔。我国颁布了多项堆肥法处理养殖业废弃物的政策和指导意见，但应用于染疫动物尸体处理的并不多。国家应鼓励养殖企业使用堆肥，并制定相关标准和法规，以规范染疫动物尸体的处理。

④病死猪滚筒式生物降解模式　该处理模式采用一个密闭的旋转桶作为基本构造，由投料口投入病死猪及秸秆等垫料原料，缓慢旋转滚筒，使尸体与垫料充分混合，微生物作用下迅速分解尸体。电机作用下滚筒旋转达到翻耙垫料的功能，风机外源送风，加速了微生物的耗氧发酵。尸体逐渐被分解，经7～14天的生化以及机械处理后，只剩下骨头，垫料经过处理变成了无病原微生物的复合肥，从滚筒仓的另一端被筛离出来。

该法优点：一是能彻底处理病死猪，处理效果能满足不同规模猪场需要。一般尸块分解成骨仅需7～14天；二是处理过程中添加了有益微生物菌种，处理效率显著提升；三是处理时产生大量生物热，平均温度45℃以上，能杀灭病原、虫卵和种子等；四是微生物处理是耗氧反应，臭味小，不对土壤和水源造成污染；五是采用全封闭滚筒发酵罐，避免了人、畜接触，大大降低了疫病扩散风险；六是全自动操作，工厂化作业，操作简便；七是垫料可重复利用。

⑤病死猪高温生物无害化处理一体机法　指整合专用高效微生物与设备的分切、绞碎、发酵等功能，将畜禽尸体在一定容积的机器里快速降解处理，最终制成有机肥原料。无害化尸体处理机具有高效、操作简单、环保无污染的特点，处理过程一般包括分切、绞碎、发酵、杀菌和干燥五个步骤。

该处理模式实现了粉碎系统与有机物微加温生物降解过程的一体化设计，由自带的粉碎机将病死猪粉碎成尸体碎片，投入降解主机，主机内投入一定量的麸皮作为辅料，加入菌种，通过系统自动加热、搅拌叶搅动，使病死猪与辅料充分结合，实现病死猪的高效分解，产生的二氧化碳和水蒸气由专门排气口排出。尸体在搅拌过程中快速降解，36小时左右生成如肉松样无害化

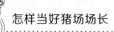

蛋白质粉，可用作饲料或生产高档有机肥。

⑥化尸池处理技术　化尸池是一种无害化处理动物尸体的密封容器，有干式和湿式2种。化尸池有的用化学剂（如烧碱类制剂），有的用细菌发酵制成肥料，将猪的胎衣、胎盘、病死猪放入容器，撒石灰或者烧碱，上盖密封，等待尸体自然腐烂，最后达到灭菌的效果。

⑦化制机处理技术　所谓化制法，就是将病畜用密封的尸体袋包装消毒后密封，投入专用湿化机或干化机化制，形成肥料、饲料、皮革等。化制原料不仅仅局限于病死的牲畜，还包括畜牧场、屠宰场、肉品或食品加工厂产生的下脚料。

利用化制机，在高温高压条件下将病死猪彻底灭菌，然后经过烘干脱水、压榨脱脂、粉碎等工序分解为油脂和骨肉粉末。化制法将禽畜回收、减量、再利用，实现了资源循环再利用，有效减少了病死禽畜流入市场的风险。

⑧焚烧法　焚烧法是一种高温热解处理技术，病死尸体在800℃～1200℃的高温下氧化、热解而被破坏。其基本工艺流程是：人工或自动进料，焚烧炉焚烧，喷淋洗涤，烟气经高温烟气管或其他处理后排放，灰烬掩埋。是目前国内外比较先进的一种处理方法。

⑨深坑掩埋处理技术　坑深不得少于2米，坑底铺2～5厘米厚的石灰，放入尸体，将污染的土层、捆尸体的绳索一起抛入坑内，然后铺2～5厘米厚的石灰，用土覆盖，覆盖土层厚度不少于1.5米。尸体掩埋后，与周围持平，填土不要太实。深埋法费用低，操作简易，经济，但占用土地，操作不当容易产生土壤、水源污染。

（三）建立无害化处理规章制度

根据国家法律、法规，制定无害化处理制度并上墙公示。

实行无害化处理与实行承诺制挂钩，统一制定《无害化处理制度》，猪场与辖区主管部门签订《无害化处理承诺书》，明确养殖业主无害化处理的主体责任。

　　建立场长负责制，设置专人负责，做好日常生猪粪便、病死猪的无害化处理工作。

　　猪场废弃物实行"统一收集，集中处理"模式，及时收集，集中存放，定期由外包人员运走。并建立猪场废弃物收集、登记、处置等记录。

　　过期的兽药、疫苗、注射后的疫苗瓶、药瓶及生产过程中产生的其他废弃物，一律不得随意丢弃，应根据各自的性质采取煮沸、焚烧、深埋等无害化处理，并要求填写相应的无害化处理记录表。

（四）建立无害化处理管理档案记录

　　生猪养殖场、养殖小区应当确保污染防治配套设施正常运行，并建立相关设施运行管理台账，相关台账档案要保存2年以上。台账应当载明设施运行、维护情况及相应污染物产生、排放和综合利用等情况。

（五）建立规模化养猪场与种植业相配合的生态模式

　　建设规模猪场之初就要充分考虑粪便及污水的处理问题。可以采取规模化猪场与种植业基地如有机蔬菜生产基地、果树基地等相配合的模式，使猪场产生的粪便能够及时有效地就地消化，既做到了变废为宝，又将猪场排泄物造成的环境污染降至最低。猪粪用作肥料的，应当与土地的消纳能力相适应，并采取有效措施，消除可能引起传染病的微生物。粪肥用量不能超过农作物生长所需的养分量。农田、园地、林地等作为猪粪消纳用地的，应当按照省有关要求配套建设贮存池、输送管道、浇灌设施等设施设备，并保证其正常运行。

第七章
猪场成本控制管理

　　猪场流动资金很大，尤其是规模化猪场，每天的饲料消耗、兽药、水电及其他一些易耗品，所以成本的控制尤为关键。成本控制不好，即使市场条件好、生产成绩好也不会有很好的利润。这就要求场长要有很强的洞察力和责任心，一切从猪场利益出发，杜绝一些不必要的浪费，充分发挥员工的自主性，减少一些非生产性的支出；控制人员成本、兽药成本。严把物资采购关，坚决制止不必要的支出。将成本控制在有利的范围内，使猪场利润最大化。

一、基本概念

（一）资　产

　　资产是指养猪企业所拥有和控制的，能以货币计量的，为企业提供经济效益的一切经济资源。包括现金、库存材料、猪群、存款等流动资金和固定资产以及无形资产、长期投资等。以货币表现的资产即为资金。

1.**固定资产**　指使用期限超过 1 年，单位价值在规定标准以上，并且在使用过程中保持原有物质形态的资产，包括房屋及建筑物、机器设备、运输工具、器具等。由于它的价值随时间的推移而逐步老化、损坏，因此其价值每年应部分转移到产品中去，直至报废，再更新才完成一次周转。提高固定资产的利用率也就是降低了成本。以货币表现的固定资产值即为固定资金。

2.**流动资产**　指在 1 年内或 1 个营业周期内可以变现或耗用的资产，如银行存款、现金、短期投资、应收及预付账款、存货等。流动资产在生产、流通过程中不断改变原来的物质形态，一般只参加 1 个生产过程就被消耗掉，其价值也一次全部转移到新产品中去了。流动资产是保证生产经营持续进行的必要条件。以货币表现的流动资产为流动资金。

（二）成　本

成本即费用。指养猪生产中发生的支出部分，包括生产性支出费用与期间费用。期间费用指为组织和管理生产经营活动而发生的各种费用，即销售费用、财务费用。

1.**直接费用**　直接费用指生产过程中的直接消耗费用，包括劳动消耗和物质消耗。

（1）**劳动消耗**　包括交付给饲养人员、配种员、防疫员、饲料生产加工人员的工资、奖金、福利费等支出。

（2）**物质消耗**　包括消耗的饲料、医药、用具、水电、燃料、低值易耗品、公猪和母猪饲养成本折旧、固定资产折旧、大修等费用。

2.**间接费用**　间接费用指为组织和管理生产经营活动而发生的各项费用，包括管理费用、销售费用和财务费用。

（1）**管理费用**　由猪场统一负担的公共经费、工会经费、董事会会费；行政闲杂人员工资、福利、办公费等；技术转让费、技术研发费、咨询费、职工培训经费、劳动保险费、待业保险费、税金、土地使用费。

（2）**销售费用** 销售产品或摊销、业务招待费以及其他管理费、销售费用。提供服务过程中发生的应当由猪场负担的运输费、装卸费、包装费、保险费及专设销售机构的人员工资和其他经费等。

（3）**财务费用** 包括猪场经营期间发生的利息支出、汇兑净损失、银行手续费等。长期负债的应计利息支出；筹建期间的，计入开办费；生产经营期间的，计入财务费用；清算期间的，计入清算损益；与购建固定资产或者无形资产有关的，在资产尚未交付使用或虽已交付使用但尚未办理竣工决算以前的，计入购建资产的价值；流动负债的，应计利息支出，计入财务费用。

（三）财务管理

财务管理的任务是按照国家的有关政策正确处理本场同各方面的财务关系，合理组织资金，保证生产需要。并力求减少非生产性支出，降低生产成本，提高经济效益。

1.**编制财务计划** 猪场的财务计划，应具体规定一年中的产品种类、数量、质量、各种产品的产值和总产值，生产成本，利润劳动生产率等各项指标。围绕这些指标，还要具体规定销售收入，提出折旧基金，零星固定资产购置费等。

2.**严格财务制度** 为了加强财务管理，必须制定和严格执行各种财务制度。

（1）**会计人员岗位责任制** 会计人员要求：一是应做好记账、算账、报账等业务工作，保证当日清，不错不漏；二是按月、季、年结出账目，编制会计报表，以便分析研究；三是编制财务报表，定时报送领导；四是配合技术人员做好各种核算。出纳人员也应有明确的职责。

（2）**仓库保管制度**　猪场应当有饲料、物资的保管零用制度，饲料、物资进场入库应核实、质检、登记；物品应按品种、规格等分类存放，并有明确标识；发放饲料或物品应保质保量，手续齐全；存放的物品应防潮、防霉、防蛀、防鼠、防盗；经常与采购或相关人员联系，防止物资积压或供应空缺，保证均衡稳定供应。

（四）经济核算

提高经济效益是猪场的核心问题，而经济核算是提高经济效益的重要手段。

实行经济核算可推动人们自觉认识和利用资金、效率成本、效益等经济办法来管理经济，可使劳动者从切身的物质利益上关心并改善经营管理，从而有利于养猪场提高管理水平杜绝生产中的浪费和经济领域中的贪污盗窃等不法行为。猪场常采用3种统计方法进行核算，即会计核算、统计核算和业务核算。3种方法密切配合，相辅相成，互相补充形成完整的核算体系，其中业务核算是最基础的核算。

1. **会计核算**　是以货币为统一度量，连续、系统、全面地记录计算，考核再生产过程中的经济活动，提供适应管理过程需要的事前、事中、事后的数据和资料，如资金的取得和周围物资的消耗与回收，费用与成本与盈亏等方面的指标。通过会计核算，可以为编制计划和检查分析计划提供必要的资料，能够综合反映企业经营状况的价值指标，如资金占用的多少、产品成本的高低、利润的大小等。

2. **统计核算**　计费以实物量、劳动量、价值量为计量单位，反映猪场和猪场内部各核算单位总体的或个别的经营活动状况的方法。

通过统计核算，可获得从不同方面反映猪场生产经营活动的许多重要指标。如产品的数量质量、商品率、劳动生产率、出勤率、各项消耗定额、设备利用率等资料，还可以得到如平均工资、设备的平均生产能力、种猪的平均生产力等重要的平均指标。

统计核算有自己独特的方法，如分组法、平衡法、动态法、指数法、抽样法及典型调查、全面调查、重点调查、抽样调查等。

3.成本核算　猪场成本核算有分群核算和混群（全群）核算。分群成本计算是按猪的类别和饲养工艺分为若干群，分群归集生产费用，分群计算产品成本。混群核算费以整个猪群作为成本计算对象来归集生产费用，是各分群成本之和。在此，仅介绍分群成本核算。

生产中一般要计算猪群的增重成本、活重成本和饲养日成本。

（1）增重成本计算公式　增重成本是反映猪场经济效益的一个非常重要的经济指标。

①哺乳仔猪增重成本计算公式

$$哺乳仔猪单位成本 = \frac{种猪饲养费用合计 - 副产品价值}{哺乳仔猪总增重}$$

$$哺乳仔猪总增重 = 期末活重 + 本期转群活重 + 本期死亡重量 - 本期初生重$$

②断奶仔猪、生长猪、育肥猪增重成本计算公式

$$某猪群增重单位成本 = \frac{该猪群饲养费用合计 - 副产品价值}{该猪群总增重}$$

$$某猪群总增重 = 期末活重 + 本期转群活重 + 本期死亡重量 - 期初活重 - 本期转入重量$$

$$哺乳仔猪活重单位成本 = \frac{种猪群饲养费用合计 - 副产品价值}{哺乳仔猪断奶总活重}$$

哺乳仔猪断奶总活重 = 期末活重 + 本期离群活重 + 本期死亡重量

③断奶仔猪、生长猪、育肥猪活重成本计算公式

$$某猪群活重单位成本 = \frac{该猪群活重总成本}{该猪群总活重}$$

该猪群活重总成本 = 该猪群饲养费用合计 + 期初活重总成本
　　　　　　　　　 + 转入总成本 - 副产品价值

该猪群总活重 = 该猪群期末存栏活重 + 本期离群活重
　　　　　　（不包括本期死猪重量）

（2）饲养日成本计算公式　饲养日成本是指某猪群平均每头猪每日所花费的费用，是考核猪场饲养费用水平的一个重要指标。

$$某猪群饲养日成本 = \frac{该猪群饲养费用合计}{该猪群日饲养头数}$$

二、生猪饲养成本

　　生猪饲养成本是指对生猪饲养过程中所耗用的各种物化劳动及劳动的货币表现，生猪饲养过程中耗费的物化劳动和活劳动的货币表现，也可以把生猪饲养成本解释为在生猪饲养过程中因饲养生猪所耗用的物资、劳动力等，并把它们用货币表现出来。

　　其中的劳动资料消耗主要是指生猪饲养过程中所使用的饲养设备、猪舍的使用成本；劳动对象消耗是指在饲养过程中所耗用的饲料、燃料、水电和仔猪的使用成本；活劳动消耗是指劳动者因饲养生猪所得的劳动报酬。

　　在实践中，生猪饲养成本的内涵也在发生着改变，演化出

了生猪饲养生产成本、生猪饲养总成本和现代生猪饲养成本。

（一）生猪饲养生产成本

1. 直接费用

（1）仔猪进价 指购买或自育的仔猪的费用。购进的仔猪按实际购进价格加运费计算；自繁自育仔猪按照同类产品市场价格计算或实际饲养成本核算。仔猪与产品成本未分开核算的，在计算仔猪进价后应当将仔猪饲养费用从产品成本中予以剔除，以免重复计算。

（2）饲料成本 是指耗用饲料的费用。一般情况下，饲料可以分为精饲料和青粗饲料两种。

①精饲料费用计算 为购进的饲料按照实际购进价格加运费计算。自产的按照正常购买期市场价格计算。精饲料数量指实际耗用的各种精饲料的实物数量。耗粮数量指耗用的各种精饲料折成粮食（贸易粮）的数量。精饲料折粮方法是：大米、小麦、玉米按实际耗粮数量计算；稻谷、面粉、米糠、豆粕、红薯等按统一规定的折粮率计算；混合饲料、配合饲料按含粮比例计算；非粮食类精饲料或含粮比例极小的精饲料，其数量不计入耗粮数量。

②青粗饲料费用计算 按实际购进价加运杂费计算。自产、采集的按照市场价格计算，难以取得市场价格的按照实际发生的费用或市（县）成本调查机构统一规定的价格计算。

③饲料加工费 指由他人加工饲料的费用。生产者自己加工饲料的，如加工饲料的数量较少，可视同由他人加工，并参照当地由他人加工饲料的平均费用计算；如加工饲料的数量较多，经营者自己及其雇工加工饲料时发生的支出分别计入相关费用和用工中，不计入饲料加工费。

④杂费 是指用水、用电、维修和工具费汇总的费用。根

据对猪场的实际调查，猪场一般将上述用水、用电、维修和工具费汇总计算，这样可以简化科目冗余造成的统计的不便利。杂费的计算按当期实际发生数额计算。

水费指生产过程中，如加工饲料、清洗和饮用等用水作业而实际支付的水费。燃料动力费指生产过程中实际耗费的煤、油、电力、燃气、润滑油及其他动力的支出。电费指在生产过程中使用机械、防寒保暖、生产照明等实际耗用的电费支出。工具材料费指生产过程中所使用的各种工具、原材料、机械配件及低值易耗品等材料的支出。金额较大且使用1年以上的，可以按使用年限分摊。

修理维护费指当年修理维护用于饲养业的各种机械、设备和生产用房等发生的材料支出和修理费用。应由多业或多品种共同分摊的费用，按照产值或工作量分摊。大修理费按照预计下一次大修理之前的年限平均分摊。生产者自己修理的用工计入家庭用工费。

⑤医疗防疫费 指在用于治疗疾病、防疫注射疫苗、场地猪舍消毒等发生的费用支出。其计算方法是：根据当期使用量，按实际购进价格加运输、加工费计算。

⑥死亡损失费 指按照当年猪场正常饲养条件下实际死亡率计算的损失费。规模养殖场（户）按照当年实际死亡率及死亡生猪的已计成本计算生猪损失。

死亡损失费＝调查期内平均每头死亡生猪发生的各项直接费用
×实际死亡率

⑦技术服务费 指生产者实际支付的与饲养过程直接相关的技术培训、咨询、辅导、诊断等各项技术性服务及其配套技术资料的费用。不包括购买的饲养技术方面的书籍、报刊、杂志等费用及上网信息费等（这些费用应计入管理费中）。

⑧其他直接费用　指与生产过程有关的未包括在上述各项之中的费用及应计入成本的不用分摊的费用支出。

2. 间接费用

（1）固定资产折旧　固定资产是指单位价值在100元以上，使用年限在1年以上的生产用房、建筑物、机械、运输工具、沼气池以及其他与生产有关的设备、器具、工具等。购入的固定资产原值按购入价加运杂费及税金等计价；自行营建的固定资产原值按实际发生的全部费用计价。固定资产按分类折旧率计提折旧。饲养业各类固定资产参考折旧率为：生产用房和永久性栏棚8%，简易棚舍（猪舍）25%，机械设备、动力设备、电气设备、运输工具等设备12.5%，其他固定资产折旧率均按20%计算。租赁承包经营的，承包费中已包括原有固定资产折旧的，不应计提折旧，只计提经营者新购置的固定资产折旧。生猪饲养业固定资产折旧按照其会计报表数据填报。

（2）税金　指生产者缴纳的产品税、销售税、屠宰税等各种税金支出，结合产量或产值在纳税产品上分摊。

（3）保险费　指生产者购买农用保险所实际支付的保险费，按照保险类别分别或分摊计入有关品种。

（4）管理费　指生产者为组织、管理生产活动而发生的支出，包括与生产相关的书籍、报刊费、差旅费、市场信息费、上网费、会计费（包括记账用文具、账册及请人记账所支付的费用）以及上缴给上级单位的管理费。生猪饲养企业的管理费根据其会计报表据实填列。

（5）销售费　指为销售商品所发生的运输费、包装费、装卸费、差旅费和广告费等。生产者自己或其家庭成员在销售产品过程中发生的用工计入家庭用工费；雇用他人销售产品的，支付的费用计入销售费。

（6）财务费　指与生产经营有关的贷款利息和相关手续费等。

3. 人工成本　人工成本指生产过程中直接使用的劳动力成本。

(二) 生猪饲养总成本

生猪饲养总成本是指生猪饲养经营过程发生的全部支出，包括了在饲养生猪过程中耗用的物化劳动、活劳动和土地的价格。总成本是指生产过程中耗费的资金、劳动力和土地等所有生产要素的成本，由生产成本和土地成本构成。

1. 生产成本　生产成本中含有与生猪饲养经营活动有关的流动资金的借款利息。

2. 土地成本　土地成本是指生产者为获得饲养场地（包括土地及其附属物，如猪舍、养鱼池等）的经营使用权而实际支付的租金或承包费。以实物形式支付的按支付期市场价格折价计入，每年支付的按当年实际支付金额计算，承包期 1 年以上而一次性支付租金或承包费的按年限分摊后计入。承包后的场地用于多业或多品种经营的，租金或承包费应先按各业分摊，饲养业应分摊部分再按产值或饲养数量（养殖面积）在各品种之间分摊。不在承包场地上饲养的品种不要分摊租金或承包费。

饲养业土地成本是按照实际发生的租金或承包费计算的。与种植业不同，饲养业中未支付费用的土地不计入土地成本。散养猪一般没有土地成本。规模养殖户因为规模较大，占地面积多，可能会发生一部分土地转包费或租金。但许多国有大型养猪场所占的土地是国家无偿划拨的，可能没有发生土地成本。另外，饲养场地承包费按照指标定义应当计入土地成本，不应计入管理费。如果饲养场地承包费性质很明确，但企业财务报表中已列入管理费的，应当从管理费中分离出来，计入土地成本。

总成本是指生猪饲养过程中发生的全部支出，包括生产成本和土地成本。具体如图 7-1 所示。

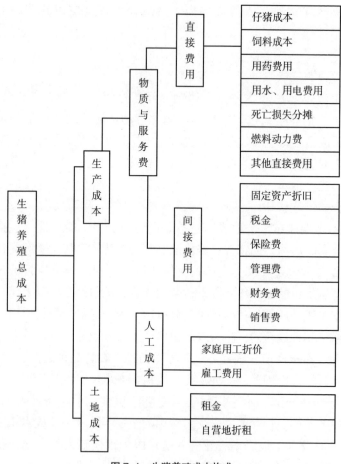

图 7-1　生猪养殖成本构成

（三）现代生猪饲养成本

　　伴随着知识经济的到来，生猪饲养成本核算的环境更为复杂，对传统的生猪饲养成本理论提出挑战。因此，环境成本、质量成本和交易成本都成了核算的重要内容。

1. 质量成本 质量成本分为显性质量成本和隐性质量成本。显性质量成本指在生猪养殖过程中实际发生的，能够按照会计核算制度进行核算的部分，如医疗防疫费、死亡损失费、鉴定费用等。隐性质量成本主要是指生猪疫病等引发的质量问题而导致收益的减少，在会计核算中往往没有明确的记录，但是确实存在的损失，如生猪品质降低所带来的损失，这种损失的发生并没有增加支出，而是以收益的减少为存在形态。

2. 环境成本 长期以来，人们以为环境不是人类劳动的产物，而是自然界千百年长期演变的产物，故其只有使用价值而无价值，从而忽略了环境资源的利用和保护，即耗费与补偿的统一，导致了许多环境问题。事实上，环境资源是有价值的。商品价值和生态环境价值是人们的社会必要劳动结合与不同的对象和系统的表现，当人们的社会必要劳动与商品相结合时，就表现为商品价值；当其与生态环境系统结合时，就表现为生态环境价值。

在生猪饲养过程中的饲料残渣，生猪排放的粪尿等会使土地、水体、空气受到污染，其反过来又直接影响生猪饲养。在饲养生猪的同时也会产生表现为负效益的环境价值，即农业环境资源的消耗。环境资源的消耗同样需要得到补偿，否则就会引起环境恶化，进而影响农业生产。所有农业生产过程中所产生的环境价值的减少或环境资源的耗费同样应纳入成本项目中进行核算，以体现成本的耗费性和补偿性的统一。

农业环境成本是指在农业生产过程中为控制对环境的损害而付出的代价以及最终给环境造成的实际损失。例如，猪粪尿给周围环境造成的污染，使农业生产环境恶化，对农业生产环境产生不利影响，产生具有负效益的环境价值，即农业环境成本。为了使由于农业生产不当所引起的恶化环境得到恢复，就需要发生相应的费用支出，这些费用作为生猪饲养价值的组成部分，用于补偿由于生猪饲养不当所引起的环境成本。

对环境成本的具体数据，可按照下列方法进行估算：

（1）粪便、污水所产生的环境成本　据估算，每生产 1 千克猪肉，就会增加 67 千克粪便和污水。2015 年，发改委、财政部、住建部三部门联合下发《关于制定和调整污水处理收费标准等有关问题的通知》，2016 年年底前，城市污水处理收费标准原则上每吨应调整至居民不低于 0.95 元，非居民不低于 1.4 元；县城、重点建制镇原则上每吨应调整至居民不低于 0.85 元，非居民不低于 1.2 元。按照 1.4 元计算，估算生产每千克猪肉所产生的环境成本为 0.09 元。

（2）饲料添加剂所产生的环境成本　由于没有相关的统计资料，无法进行估计，但它对人类身体健康的伤害近几年趋于增长的势头，是目前每个公民都关注的一个重要话题。

每核算单位总成本＝每核算单位生产成本＋每核算单位土地成本
　　　　　　　　＋每核算单位环境成本

每核算单位生产成本＝每核算单位物质和服务费用
　　　　　　　　＋每核算单位人工成本

每50千克总成本＝总成本÷每头生猪重量×50千克生猪重量
　　　　　　　＝总成本÷（每头主产品产量＋副产品产值÷
　　　　　　　　50千克主产品平均出售价格）×
　　　　　　　　50千克生猪重量

现阶段的生猪饲养成本的核算并没有包括环境成本，随着核算办法的完善和人们对于环境重视程度的提高，对环境成本的核算将会真正纳入到生猪饲养成本中。生猪饲养者在享用生猪产生的经济效益的同时还应承担负面环境效益。把负的环境效益作为生猪饲养业的环境成本列入生产成本中，才能确保生猪养殖业的可持续发展。

三、猪场经济效益分析

主要从收入、利润、投入产出比率、成本利润率等指标来分析中小规模生猪养殖经济效益的具体情况。

（一）收入分析

通过不同规模养殖场的生猪出栏头数、销售额、每头生猪收入情况调查数据整理，发现规模越大的猪场单位生猪的销售收入越高，大规模养猪场比小规模养猪场的单位生猪销售收入高。产生这种现象的原因，一方面可能是由于不同的生猪品种销售单价不同，进而产生销售收入上的差异；另一方面考虑是出栏重量不同的原因。根据调查了解，目前大规模猪场饲养的品种基本上以良种猪为主，良种猪繁殖能力强、产肉率高，猪肉售价要比土猪高，经济价值高，同时该品种猪的饲养成本和对环境的要求也较高。中小猪场，品种基本上以内三元为主，该品种猪对饲养环境的要求略微宽泛一些，更加适应我国大部分猪舍的环境条件。散养户和少数的中小猪场以饲养土猪为主，该品种的猪耐受性较强，对环境温度要求不很高，发病相对较少，但经济效益很差。

（二）效益分析

1.单位生猪利润分析　　目前，我国没有对一般生猪养殖场的销售环节征收税金，由"单位生猪利润 = 单位生猪收入 − 单位生猪成本"可知，此时单位生猪收入减去成本即为生猪养殖的净利润，此时的利润和净利润相等。在生猪价格总体较平稳的背景下，大规模养猪场较中规模养猪场与小规模养猪场平均每头生猪净利润要高。

2. 投入产出率和成本利润率分析　运用调查数据，通过下面公式计算单位生猪投入产出比、成本利润率，其中以销售额作为产出指标，以成本作为投入指标。

$$单位生猪投入产出比＝每头生猪产出÷每头生猪投入$$
$$单位生猪成本利润率＝每头生猪利润÷每头生猪成本$$
$$＝（每头生猪收入－每头生猪成本）÷$$
$$每头生猪成本$$

小规模与中规模养猪场的投入产出及成本利润率指标差异不大，而大规模养猪场的这两项指标相对小、中规模养猪场而言，表现出了更好的投入产出效益。

（三）影响规模化生猪养殖经济效益的因素

生猪养殖最基本的目标就是盈利，即在单位生猪收入扣除单位成本后有盈余，并希望盈利空间尽可能大，单位生猪利润更高，单位投入产出回报更大。对养殖场而言，除了有直接作用和影响的成本以外，还存在许多影响其规模养殖经济效益的因素。以下因素对规模化生猪经营的效益有显著影响。

1. 养殖规模　研究表明，总经济成本与猪场规模呈显著负相关，而净利润与猪场规模呈显著正相关。其主要原因是，大规模猪场的劳动力使用量显著较少，饲料购买价格显著较低，每头母猪年产断奶仔猪数更多。

一次购入大量原材料，可以增强购买者的影响力，增加讨价还价的空间，从而得到比小批量进货更低的成交价格；另外，大量购入也比多次小批量进货更节约交易费用和运输成本，从而降低原料成本。规模化饲养也可以进行规模销售，规模销售可以增加销售方在谈判时的影响力，进而更好促成交易的达成和更大的议价空间；同时，规模大的猪场还可以与生猪屠宰场、肉制品加工企业建立长期的购销合同，比规模相对小的猪场在市场中的主动权更大、收益更高。综合来看，饲养规模会对生猪的成本、收益产生影响，进而对整个养殖效益产生影响。

2. **饲料投入结构**　饲料投入包括精饲料投入和其他饲料投入，不同阶段、不同饲养规模的生猪经营主体的饲料投入结构很可能是不同的，即在饲养管理、使用量、喂养方式等方面存在差别，进而对生猪经济效益产生不同影响。通常来说，精饲料的营养价值高，饲料转化率高，但其单位成本也较高，投入过多，饲料总成本就会过高；其他饲料替代品如青粗饲料的营养价值就比较低，但其价格低廉，投入过多，会使生猪生长速度变慢，饲养周期拉长。精粗饲料配比不同，饲料总成本也就不同，同时由于各种配比会引起生猪生长速度及其他投入要素的投入量的变化，最终会影响到生猪效益的变化。

3. **生猪品种**　不同品种猪的生产性能和对环境的敏感度有所不同，生长性能好的品种对环境的要求更高，抗逆性稍差；生长性能稍差的品种，其体表面积一般较大、容易散热，对环境的要求也略低。目前，我国常见的生猪品种有：洋三元（良种猪）、土三元杂交猪和本地猪（土猪）。一般认为，由于良种猪繁殖能力强、产肉率高，猪肉售价要比土猪高，其经济效益比土猪要高，土三元杂交猪经济效益次之，土杂交猪相比最差。

4. **人员素质**　人员素质对生猪规模化经营效益也有一定影响，人员的养殖经验、管理水平、科技水平直接影响生猪日常的生产经营决策、饲养管理、疫病防疫等各个方面，进而直接和间接地影响着经营效益。一般认为，人员养殖经验越丰富、科技水平越高，规模猪场的经济效益就更好；反之，经济效益则差。

5. **资金投入规模**　在规模化饲养中，除前期建设猪场圈舍、购置固定资产等需大量投入资金外，日常的经营管理，也需要大量流动资金用以购置占生猪直接生产成本约 70% 左右的饲料和支付外购仔猪的费用。生猪养殖经营者可能获得的资金规模，是决定其选择何种饲养规模的前提条件。同大多数发展中国家一样，目前农村金融抑制现象在我国仍普遍存在，生猪养殖户能从正规金融组织机构获得的贷款很少，大部分资金需求多是通过非正规渠道来解决。生猪养殖经营者的资金情况，决定着其生猪饲养规模和经营策略，包括饲料的使用、人员配备、设备配备、场地的设施、出栏时间的选择等，这些都影响着生猪产出的效益水平。一般可以认为资金投入规模大，表示养猪户经济实力强，可以选择的经营策略更多，更有利于其做出提高经济效益的决策，因而经济效益要比资金实力弱、资金投入少的养猪户好。

6.经营管理方式　规模化猪场常见的组织经营类型一般有家庭自主经营、合伙或集体经营、公司化经营。家庭自主经营模式属于比较传统的生产经营方式，一般以家庭成员作为主要的管理经营者，规模较小。合伙或集体经营、公司化经营规模较大，管理、财务也更专业、规范。一般认为，公司化经营模式下的生猪养殖企业经济效益更好，合伙或集体制次之，家庭自主经营模式相对差一些。

7.产业化服务　健全发达的社会化服务能为生猪养殖户提供良好的技术支持、交通条件、饲料供应、市场信息、疫病防疫服务等，从而有利于提高规模化养殖效益。养猪专业合作社为社员提供各种生产要素采购、技术培训、产品销售等服务，帮助解决技术难题和创造更多进入市场机会。

8.政府支持　政府支持是促进生猪市场发育、保证养猪户效益的重要条件，对生猪养殖业的发展具有重要作用。如果政府对生猪养殖业的支持力度不够、宏观调控能力弱、产销支持和保护制度不健全，一方面容易挫伤养猪户的积极性，另一方面财政投入不够，也使得一些处于发展中的中小规模养猪户在市场波动巨大的情况下出现严重亏损，甚至破产倒闭。目前来看，政府在资金、技术方面的支持，可以在一定程度上帮助生猪养殖经营者解决相应难题，提高生猪生产养殖效益。

四、提高生猪养殖经济效益的措施

我国的生猪饲养业要走可持续发展之路，不仅要兼顾养殖效益，还要兼顾资源、环境效益，生猪养殖、生态保护、农村经济发展三者结合起来，达到社会、经济、生态的全面发展。应用现代养殖技术，可逐步解决传统散养所带来的低效率、环境卫生差、对市场适应性差等弊端，从而真正使得生猪养殖以全新的面貌向前迈进。

（一）加快生猪饲养业科技进步，实现可持续发展

通过技术手段改良生猪品种，缩短饲养周期，以减少排污量。改善饲料配比结构，降低猪场有害气体的排放。规模养猪场应发展沼气技术，使猪场粪便得到资源化综合利用。发展生态养殖，实现可持续发展，不仅可以改善传统养殖所带来的环境问题，减少生猪疫病，而且可以带动种植业的发展，进一步增加效益。

（二）引导农户转变饲养模式，创新生产组织形式

生猪饲养方式的转变，要有配套的、标准的、清洁化、健康的组织形式。随着市场化程度的提高，猪肉供需关系的变化，小规模的养殖与大市场的矛盾越来越突出。要解决这一矛盾只有发展规模养殖，提高生猪养殖的组织化程度，实现共享生产资料，共享科技成果；深化市场，提高市场话语权，降低单个饲养者采购或销售的费用；更有利于提高饲养场的民主意识，促进农村社会的稳定与发展。

　　建设生猪养殖合作组织，特别是发展能与当地屠宰、肉制品加工企业进行谈判的经济合作组织，把单个分散的养殖户组建成为具有一定规模的经济实体，逐步对采购、销售、贷款等环节实行统一管理，增强生猪生产的组织性、计划性，减少盲目生产和市场价格震荡带来的不利影响。引导有实力的饲料和肉类屠宰加工企业，与生猪养殖户签订生猪生产合同。通过"公司＋农户"的方式延长产业链，发展具有共同利益的一体化经营，这样不仅可以解决养殖企业扩大养殖规模的用地难和小养殖户抗风险能力弱的问题，而且可以保障猪肉的质量。

　　鼓励中小规模养猪场，走联合养殖的道路。扶持养猪专业合作社是引导散养户向规模化发展的重要手段，农户通过专业合作组织，可提高生猪养殖的组织化程度。规范合作社，不仅可以更好地发挥技术推广，市场引导，有效地规避风险，缩短小生产与大市场的距离，更重要的是可以稳定生猪养殖户的收入，在一定程度上降低养猪户的成本。

（三）制定成本费用目标，控制支出

　　要对规模化猪场的成本及费用开支做到合理有效的控制。首先，养猪场可以根据费用支出的经济用途，设立合理的成本费用明细科目。年初就根据本单位本年度的生猪出栏头数和预期销售收入，编制详细的成本与费用开支预算方案。在本年度的工作中，应实时将月度成本费用支出报表与预算方案进行对比分析。通过对比分析，及时发现成本费用执行过程中哪些指标已经达到和超过预算水平，存在什么问题。通过前面的工作就可有效使用现有资金、控制不合理的费用支出，从而达到控制成本的目的。

（四）采用先进的饲养技术，降低饲料成本

　　饲料成本作为生猪成本中最大的一项支出，占到总成本的

50%～80%，猪场要想降低养殖成本，重点目标就是降低饲料成本。对猪场而言，在无法左右饲料价格的情况下，二是要采用先进的饲养技术、科学饲养，提高饲料管理水平，从而提高饲料的利用率，减少损耗和浪费，来减少精饲料的投入量，降低饲料成本。应该遵循生猪生长需求的规律、因猪喂料，从质和量两方面保证和满足生猪对营养的需要，充分发挥猪的生产潜能，使饲料营养被最大化地利用，从而提高经济效益。研究发酵饲料如酒糟之类的饲料替代品，既可节约大批精饲料，降低生猪养殖成本，又能实现帮助生猪生长，提高猪肉质量。

（五）加强人员管理，降低人工成本

定期对规模养猪场的员工进行技术培训，提高员工技能，才能为猪场创造出更高的效益；实行员工劳动绩效与劳动报酬挂钩的薪酬制度，奖罚分明，这样有利于发挥员工的工作积极性，提高员工改善工作技能和工作效率的诉求；注重企业文化建设，平时可以组织一些体育或文艺方面的活动，以娱乐休闲的方式凝聚员工、温暖员工，提高精神文明素质，从而更好地发挥员工的工作积极性。提倡节约、节俭，要求员工节约生产生活资料，杜绝浪费；实行定期休假制度，改善员工生活，增加员工福利感，从而提高工作积极性。总之，只有抓好员工的管理，让员工在思想和技能上有能力做好自己的本职工作，才能推动规模养猪场各项工作向前发展。

（六）根据市场规律，调节生产

市场行情的变化对生猪养殖场（户）经济效益的影响重大，直接关系到其养殖效益，特别是对规模养猪场的影响更为显著。如果规模养殖户能及时了解和掌握生猪市场动态，可及时调整生产，如适时出栏，在市场价格低迷的时候调整上市猪的体重；生

猪价格行情低时仔猪价格也会低落，可以育肥仔猪，等待时机出售，以减少价格下降带来的损失；在市场行情较好的时候可以考虑提前出栏、销售仔猪等；另外，还要考虑消费者的消费习惯，选择适合的品种，才能有效保证生猪的顺利销售。

（七）建立生猪养殖业的风险防范机制

生猪养殖业是一个高风险的产业，疫病风险和市场风险是面临的主要风险，要采取措施把风险降到最低。为了避免市场风险对生猪养殖业带来的巨大影响，减少养猪户的损失，政府应建立一系列的预防机制：一是加大对生猪价格的监控，及时为农户提供价格信息。在现阶段，猪肉价格波动较为明显，政府应增加定期和不定期的巡价次数，及时对价格变动趋势进行分析，进行合理的预测，以便为农户及时提供市场变动规律、市场需求变化趋势、做出饲养决策。二是加强行业的信息指导。健全生猪养殖业的市场信息体系，通过研究猪肉供求关系，对生猪的养殖规律有理性认识，引导养猪户做出合理的养殖决策，尽量引导农户的生产。

降低疫病风险，应建立相关的预防措施：一是政府在疫病高发季节，应加大巡查力度，及时发现疫情，及时防治，最大限度地降低养猪户的损失。二是业务部门与保险公司联合行动，通过培训提高农户的防疫及保险意识，及时上报疫情。保险公司推行经济政策性保险，切实维护养猪户的利益。

第八章
猪场养殖档案管理

养殖档案是养殖场日常生产管理的客观记录和真实反映，是传递养殖信息和数据的重要载体，是养殖场持续发展的关键工具。同时，养殖档案也是畜牧兽医主管部门规范畜牧业生产经营的行为，加强畜禽标识和养殖档案管理，建立畜禽及畜禽产品可追溯制度，有效防控重大动物疫病，保障畜禽产品质量安全工作上的主要监管依据。

各猪场必须严格遵守《中华人民共和国畜牧法》《中华人民共和国动物防疫法》和《中华人民共和国农产品质量安全法》制定的畜禽标识和养殖档案管理办法。

一、生猪养殖档案建立的意义

猪场建立科学完善的养殖档案既有利于改善养殖条件，有效防控重大疫病，保障猪肉质量安全；又能够为实现生猪及猪肉质量安全和疫病可追溯管理积累基础信息，为生猪产地检疫提供基本情况，为生猪宰前检疫的查物验证提供准确依据，为消费者提供所消费猪肉的饲养源头信息。

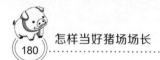
（一）确保猪场疾病控制有延续性

健全生产信息管理，当疾病发生时能做到有经验可借鉴，有方案可参考，而不是束手无策，临阵磨刀。当猪场发生疫情，根据临床观察，结合流行病学分析，查阅本场的疾病史，如能找到以往发生过的相似疫病，就可参考以往经验，使防治工作得心应手、药到病除。

（二）为猪群保健防疫提供可靠依据

如在猪群疾病史上记载有某一疫病发生的原因、时间、易发猪群，那么猪场管理人员则可避开发病原因，在疾病易发时间前做好预防工作，或对易发猪群采取保健预防。

（三）准确掌握母猪的生产性能

掌握每一头母猪的生产性能，控制母猪群年龄结构，及时淘汰生产性能差的母猪。

（四）有效监控母猪健康状况

详细记录好母猪的免疫情况并定期检查，避免母猪漏用疫苗的情况。

（五）准确掌握公猪的生产性能

定期对公猪的生产性能进行评估，及时淘汰性能差的公猪，补进新的公猪，可有效防止在配种高峰期出现性能好的公猪使用过度的现象。

（六）随时了解公猪的健康状况

记载公猪病史和康复情况，避免公猪将疾病传染给母猪。

如猪的蓝耳病病原在发病康复公猪精液中可存活很长一段时间，并可通过精液传染给母猪，感染母猪发生流产或产弱仔。

二、生猪养殖档案建立

（一）资质档案

包括有效期内的种畜禽生产经营许可证、动物防疫合格证、养殖场环评证书、本场生产管理专业技术人员资质证、特种工种上岗证或职称资格证、饲养员健康证等。

（二）相关规章、制度、规程档案

包括员工守则、岗位职责、考勤制度、各类饲养管理操作规程、免疫程序、消毒制度、无害化处理制度、安全生产制度、奖惩考核办法、请休假制度、门卫制度、采购制度、物资管理办法及和有关单位或个人签订的合同协议等。

（三）生产档案

主要有育种记录，种猪系谱卡片，配种、产仔、生产记录，公猪精液（采精、品质鉴定、稀释、保存）记录，转群记录，返情、流产记录，死亡、淘汰记录等。

1.生产性能测定记录档案　包括后备猪生长发育记录（体长、体高、胸宽、胸深、胸围、腹围、腿臀围、管围、背膘厚、倒数3～4肋眼肌面积）；育肥（日增重、料肉比）测定记录、屠宰测定记录（体重，胴体重，屠宰率，胴体长，6～7肋皮厚、6～7肋膘厚，肩、腰、荐三点膘厚，倒数第3～4肋眼肌面积，肉骨皮脂率，瘦肉率）；肉质测定记录（肉色、大理石花纹、pH1、pH2、肌内脂肪、贮存损失）。

2.种猪系谱卡片档案　包括种猪出生日期、毛色、乳头数、移动情况、三代标准系谱、繁殖记录、体质外貌、育肥性能、后裔成绩、生长发育等指标。

3. **配种记录档案** 包括母猪舍栏、品种、耳号、胎次、上次断奶日期、发情日期、本次配种日期，与配公猪品种、耳号、配种方式、预产期、配种员、返情流产情况等。

4. **产仔哺乳记录档案** 包括舍栏，分娩日期、时刻，母猪品种、耳号、特征、胎次，与配公猪品种、耳号、配种日期，预产期，妊娠天数，产仔数〔总产仔数、产活仔数（健仔、弱仔、畸形）、死胎（鲜活、陈腐）、木乃伊胎〕及仔猪性别，毛色特征，乳头排列，初生重，21 日窝重，断奶头数，断奶窝重，育成率，断奶转群记录等。

5. **生产记录档案** 包括存栏猪只数量、猪群变动情况（出生、调入、调出、死淘）。

6. **饲料消耗记录** 包括料号、适用阶段、开始使用日期、生产厂家、批号或加工日期、重量、结束使用日期。

7. **公猪采精、品质鉴定、稀释、保存记录** 包括采精日期，公猪耳号、品种，采精量，精液活力、气味、密度、稀释后活力、稀释比例，保存时间，成品份数等。

8. **转群记录** 包括转出栏舍、品种、耳号，转入栏舍。

9. **返情流产记录** 包括日期、品种、耳号（注意同一头母猪的返情流产，统计时不能重复计算）。

10. **死亡淘汰记录** 包括日期、性别、品种、估计重量、死淘原因、去向、责任饲养员、责任兽医。

（四）生物安全管理档案

主要有出入猪场人员登记、车辆登记、消毒记录、用药记录、免疫记录、生产记录、销售记录、场内转群记录、物品保存记录、保健记录、诊疗记录、解剖记录、无害化处理记录、疫病监测报告等。

1. **免疫记录** 包括疫苗名称、免疫日期、免疫对象（品种、耳号、栏位）、生产厂家、生产批号、保质期、免疫方式、剂量、免疫方法、栏舍号、畜禽日龄、存栏数量、免疫数量、免疫员签字、饲养员确认签字。

2. **保健记录** 包括保健对象、用药品种数量、用药方式、药品的生产厂家、生产批号、保质期、兽医签字、饲养员确认签字。

3. **诊疗记录** 包括动物发病日期、栏舍号、发病数量、病名、体重、病因、畜禽标识编码、用药名称、用药方法、治疗结果、诊疗人员、其他需记录事项。用药名称为所用兽药的通用名，诊疗人员为执业兽医。

4. **解剖记录** 包括舍栏、日龄、体重、特征性解剖病变、初步结论及实施解剖的责任人。

5. **用药记录** 使用兽医处方签，内容包括舍别、栏位、品种、性别、耳号、体重、主要症状、处方用药、药费、饲养员签字、兽医师、司药签字。

6. **消毒记录** 包括消毒剂名称、消毒日期、消毒对象与范围、配制浓度、用量、消毒方式、操作者、责任兽医。

7. **无害化处理记录** 包括舍栏、数量、类别、耳号、处理方法、处理单位（责任人）、监督人等。

8. **疫病监测报告记录** 要求每季度进行常见传染病的抗体或抗原监测。记录采样日期、栏舍号、采样数量、监测病种、监测单位、监测结果、处理情况、其他需记录项目。处理情况应根据免疫抗体检测结果填写，重新免疫或扑杀。

（五）经营管理档案

1. **种猪的引进档案** 必须有种猪来源场的种畜禽生产经营许可证、检疫合格证、发票、种猪合格证、种猪个体养殖档案；须进行种猪采购登记，填写引种日期、品种、数量、供种场、隔离日期、并群日期、责任兽医签字。

2. 饲料采购档案 须填写采购日期、品名、适用阶段、数量、生产厂家、批准文号、药物添加剂、休药期、验收人。自配饲料还必须填写饲料加工、成品后出入库记录，药物添加剂及限用添加剂使用记录（添加日期、用药猪群、添加剂名称、生产厂家、批准文号、添加剂量、休药期、停用时间、责任人）。

3. 药品、疫苗采购档案 须填写采购日期、品名、数量、生产厂家、批准文号、生产日期、有效期、贮存条件、验收人。

4. 疫苗的保存档案 必须填写贮存条件监测日记录（特别要监管温度）。

5. 饲料、药品、疫苗保管档案 入库填入库单，使用填出库单，建立入库、使用、节余台账式管理。

6. 种猪的销售档案 必须填写售猪台账，包括销售日期、购货人、申报检疫日期、申报受理人、受理人电话，品种、等级、重量、畜禽标识编码、出猪舍栏、责任饲养员、销售员、购方联系方式、检验报告编号、检疫合格证明编号、购买方、联系方式、官方兽医签名。

（六）养猪场建设档案

养猪场建设时间、用地面积、地面物、建造所需材料、耗资用料、设计图纸、用工、设计人员等，以备发展扩建参考。

三、规模化养猪场档案的填写

（一）兽药、疫苗购领记录的填写

购领日期、规格、生产厂家、批准文号、生产批号、有效期、购入单位名称、购入数量。兽药的购买，包括消毒药、疫苗、兽药。从畜牧兽医站领取的，填写××乡镇畜牧兽医站；其他地方购入的，填写购入单位、名称、时间和地址。规格按照包装盒要求规定的克、千克、毫升、千克/包、瓶、毫升及几支/盒、头份、毫升/瓶填写。数量单位应填包、瓶、盒、千克。

（二）养猪场免疫档案的填写

养猪场应根据猪的类别，按照免疫程序接种后，填写免疫时间、圈舍号、存栏数量、免疫数量、疫苗名称、批号、有效期、免疫方法、耳标号、免疫剂量及免疫操作人员。

猪群日龄应填写日龄相同（相近）的同批猪群免疫时的日龄。免疫次数应填写猪群重复接种某种疫苗的次数。免疫方法应填写免疫的具体方法，如滴鼻、肌内注射、皮下注射等。免疫剂量应填写每头（只）的免疫剂量头份、毫升/头。

（三）出场销售和检疫情况记录的填写

应写明出场日期、品种、栏（株）号、数量、出售日龄、销往地点及货主姓名、检疫情况（合格头数、检疫证号、检疫员）、曾使用过有停药期的药物（药物名称、停药时日龄）、经办人。

（四）饲料、饲料添加剂使用记录的填写

饲料使用记录主要填写饲料的名称、开始使用时间、配料比例、生产厂家、批号、用量、停止使用时间等。添加剂的使用主要填写添加日期、使用范围、栏（株）号、日龄、存栏数、添加剂或预混料名称、生产厂家或自配、批号、添加或饲喂数量、休药期、停用日期。

饲料规格按照千克/包、千克、克/包填写。批准文号按照添加剂、预混料填写批准文号，单一饲料、浓缩饲料、配合饲料

填写饲料生产企业审查合格证号，鱼粉、肉骨粉、血浆蛋白粉等动物源性饲料填写动物源性饲料生产企业安全卫生合格证号；来源应填写购入的单位名称，若直接从厂家购入，填写厂家名称，数量单位应填写千克、吨。添加剂填写应包括药物添加剂，使用范围填写哪个阶段，如哺乳母猪、保育阶段等；生产厂家或自配应按照外购配合饲料或预混料填写生产厂家名称，用自配料的要写明饲料添加剂和预混料的生产厂家。

（五）消毒记录的填写

主要填写消毒日期、消毒场所、消毒药名称、用药剂量、消毒方法及操作人员、责任兽医。消毒场所应写明消毒的栏舍、附属设施、人员出入通道等场所。配制浓度应写明消毒药液的稀释浓度。消毒方式应写明熏蒸、火焰、喷洒、喷雾、浸泡等。

（六）诊疗及兽药使用记录的填写

猪群发病日期、发病情况、开始用药日期、用药名称、药物批号、休药期、每日剂量、用药方法、停药日期、诊疗结果、兽医签名。

群体头数应按照发病猪群所在栏舍的同群数量填写。用药名称应填写兽药的通用名称或化学名称。每日剂量应填写每头（只）的用药剂量，用药方法应填写药物使用的具体方法，如口服、肌内注射、饮水、拌料饲喂等，兽医签名应填写进行治疗的兽医。

（七）采样监测记录的填写

主要填写采样日期、圈舍号、栏（栋）号、监测群体、采样数量、监测项目、监测单位、监测方法、监测结果及处理情况等。

（八）病死猪无害化处理记录的填写

包括处理日期、数量、处理或死亡原因、畜禽标识编码、处理方法，附无害化处理影像资料。

（九）引种记录的填写

进场日期、品种、引种数量、供种场、检疫证编号、隔离时间、并群日期、养殖场兽医签名。

（十）规模化猪场生产记录的填写

日期、栏（栋）号、母猪（转入、转出、淘汰、死亡）、哺乳仔猪（出生、断奶、死亡）、保育猪（转入、转出、死亡）、肉猪（转入、转出、出售、淘汰、死亡）、存栏数（头、只）。

四、养殖档案管理及利用

把规模猪场养殖档案管理和猪场标准化建设工作结合起来实施，实行纸质养殖档案管理，同时实行电子养殖档案管理，建立专门的档案室，设立档案管理员1～2名，专人分类保管，准确及时地填写、更新档案内容；与当地检疫部门、屠宰加工企业和消费者共享各种档案信息；严格执行备案时间，商品猪养殖档案保存2年，种猪养殖档案长期保存。建立和完善档案管理制度及相应的目标岗位责任制度。

（一）立卷归档

生产经营过程中形成的文件、材料应及时立卷，如需长期或若干年才能完成的工作或项目，采取阶段性立卷的方法，经常、不定期地搜集形成文件材料，待项目完成后集中归档。通常在翌年 3 月底将上年卷宗归档完备。立卷归档要求：注重积累，做好经常性收集文件、材料的工作，做到收集工作的全面、完整、不遗漏，对有参考价值的文件、材料进行归档，拒绝有文无档的错误做法。

（二）档案的保管

设置专门档案管理员进行档案的规范管理，由管理员对档案进行收集、整理、保存等工作。需由生产一线人员记录的档案资料则由档案管理员负责督促并整理。首先建立各类档案的书面材料，然后，根据书面材料建立电子档案以方便保存和查阅。除育种资料长期保存以外，其他所有记录都要保存 2 年以上。按业务技术领域、技术人员、生产管理范畴等分类存放并分类编号，便于查找利用，查阅后档案资料要归还原处，爱护档案资料，不得污损、涂改、撕剪；加强对种猪档案的管理，符合国家相关规定，确保档案齐全、完整和准确。

应建立健全养殖档案材料收集归档制度、档案查阅管理制度、档案保密管理制度、档案复制制度、档案统计制度、档案库房管理制度、档案销毁制度、档案工作岗位责任制等系列管理制度。

（三）养殖档案的利用

猪场养殖档案的利用与查阅范围仅限本场内及畜牧兽医部门，其他任何单位和个人均无权查阅。查阅养殖档案应在养殖场内进行，对档案材料不得划道、涂改、折卷、裁剪、拍照、撕毁等。特殊情况需借出的，需经养殖场同意，但借出时间不得超过 1 周，不得转借他人。需继续使用者要办理续借手续，确保档案的完整与安全。建立档案的收进、移出登记簿，及时登记，每年年末要对档案的数量、利用情况进行统计，发挥其对生产的指导作用。

第九章
猪场营销管理

一、生猪营销策略

（一）影响生猪市场变动的因素

猪为六畜之一，有"猪粮安天下"之说。猪肉作为我国消费者日常饮食中最重要的动物蛋白质来源，在我国农业产业中占有重要的地位。根据国家统计局数据，2014年我国猪肉产量占全部肉类产量的65.1%，2015年中国猪肉生产量和消费量均达到全球的56%，远高于其他国家。猪产业在我国的重要性不言而喻，然而与大多数农业类产业类似，生猪养殖同样面临着生产极度分散、生产效率低、交易环节多、链条长、信息不对称等问题。

1. 生猪供给变动及其影响因素　生猪供给来自于生猪生产，生猪生产者行为主要取决于生猪自身的价格、相关畜产品的价格、生猪生产成本及技术条件、生猪养殖者对未来价格预期、生猪养殖结构、政策法规和宏观调控政策等多种因素；同时，生猪供给受到自然环境和自身生长规律的客观制约，又因其关系民生受到政府的调控程度也较大，因此生猪供给受到自然因素、经济因素和社会因素等多重因素的影响。

　　决定生猪价格波动的因素包括供给和需求两个方面，由于我国居民对猪肉的消费需求已经呈现刚性特征，使得生猪价格周期性波动主要源自生猪供给的波动。生猪生产周期相对较长（经历预留后备母猪、生猪繁育周期、商品猪育肥上市大约 1 年到 1 年半的时间），生猪生产及生猪供给，既受成本和价格等因素的影响，也受疫病等因素的影响。

　　2013 年 1 月至 2015 年 9 月的 32 个月，我国生猪市场累计亏损 21 个月，在长达 2 年多的低迷期内，许多小散养户弃养、规模养殖场削减规模，当前生猪市场过剩产能被完全淘汰且略有缺口，母猪存栏基数下降制约着生猪出栏量难以大幅度增加。2015 年生猪市场已进入新一轮猪周期的周期性上涨期。生猪价格是整个生猪市场的风向标，影响仔猪和母猪价格的同时，进一步影响仔猪和母猪的补栏。前期亏损导致过剩母猪产能被淘汰后，生猪的供应滞后于母猪产能 10 个月以上，供应减少的趋势会持续 1 年以上，但在周期性上翻期间生猪价格并非持续上涨，受需求淡旺季及冬、夏季仔猪成活率差异，导致季节性差异供给综合性影响，总会有几次阶段性的短暂下跌，也总会短暂下跌后再次上涨。

　　近年来，生猪疫情与 2011 年、2012 年相比平稳许多，但冬季相对于夏季仔猪的成活率还是明显较低，导致夏季需求淡季时供给大幅下降，生猪价格在 5～8 月份屡屡上涨；反之，由于夏季仔猪成活率高，需求旺季的冬季供给大幅增加，供需博弈导致 9 月份后生猪价格屡屡下跌。2015 年 5～8 份月份生猪价格的上涨和 9 月份后的下跌，主要原因就是冬、夏季仔猪成活率差异所导致的季节供给差异。2003—2015 年经历了 3 个完整的猪周期，2003 年、2007 年、2011 年的周期性上涨中均出现了短暂的下跌，但平均跌幅不大、持续时间较短，后期又重拾上涨。2013

年和2014年的5～8月份生猪价格也均出现累计30%以上的上涨，与2015年不同的是这两次上涨的大背景均为生猪产能总体处于过剩，9月份后进入了长达半年以上的持续下跌。9月份作为生猪价格由涨转跌的分水岭已连续3年出现。

导致生猪价格周期波动的直接原因是，猪场根本没有能力和办法来预测下一年度的生猪价格变动情况，只能依据当前的市场价格决定生猪生产。当生猪价格较高时增加养殖，导致一定时期之后的供过于求，价格下跌。反之亦然，当生猪价格较低时减少养殖，导致一定时期之后的供不应求，价格上涨。这样的周期性波动，再与生猪疫病叠加更会加剧周期性波动。

2009—2015年国内生猪和能繁母猪存栏如图9-1。

2009—2015年国内生猪、仔猪、白条猪价格如图9-2。

2. 生猪养殖水平　近年来，我国生猪养殖水平虽有一定程度的提升，但是整体水平仍远远落后于欧美等发达国家，丹麦的每头母猪年提供的断奶仔猪数（PSY）是我国的近2倍，假如我国的PSY提高到27头，我国每年仅需2 700万头母猪即可满足需求，每年可节约2 000万吨饲料，相当于每年节省6 300万吨肥料和885亿升水。

3. 生猪养殖成本　从我国生猪养殖成本的结构上看，饲料、仔猪和人工成本占总成本的90%以上，其中仅饲料占比达50%以上。近年来，饲料价格、仔猪价格和用工成本都大幅增长，加上生猪的养殖结构、疫病的冲击和宏观政策的多重影响，导致生猪养殖成本逐年攀升。2014年散养生猪总成本为1 844元/头，规模养殖生猪的成本为1 592.14元/头，均为2004年总成本的2倍多。

4. 规模化程度提高，缓解价格波动　2012年以来，大量资本进入养猪业，养殖规模化提高，抵御亏损能力增强，导致劣质产能的淘汰速度和幅度都比亏损期慢很多。母猪生产效率较前几

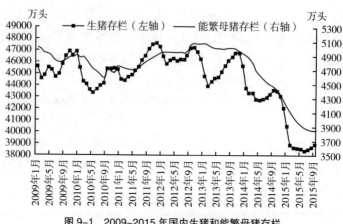

图 9-1　2009-2015 年国内生猪和能繁母猪存栏

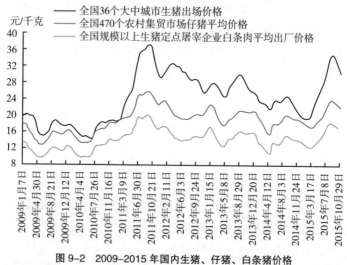

图 9-2　2009-2015 年国内生猪、仔猪、白条猪价格

年提高约 15%，每头母猪提供的出栏肥猪量在增加，生猪出栏平均体重提高 10% 左右。目前来看，散养户选择退出养猪业，中等养猪场选择维持产能、保持常态，而大型养猪企业则继续扩张，这样的格局将越来越明显。中国畜牧协会数据显示，我国生

猪养殖规模化水平 1996 年仅 13.6%，2002 年达 27.2%，2004—2011 年提高较快达 65%。2007—2010 年，我国 500 头以上的生猪规模化养殖比重自 21.8% 升至 34.5%，2011 年农业部提出，"十二五"时期我国出栏 500 头以上生猪规模化养殖比重将达 50%，未来 5～10 年有望提升至 70%～80%。在猪肉消费难以出现重大改变的背景下，养殖规模化比率的上升，势必缓解供给波动导致的价格大幅波动风险。未来生猪市场将更加成熟，产能波动和价格波动均会更趋于平稳，"猪周期"也会趋于平稳。

5. 生猪市场微观调控减弱　2015 年 11 月国家发展和改革委员会等四部委联合发布新版《缓解生猪市场价格周期性波动调控预案》，在预警指标方面把生猪生产盈亏平衡点从 6：1 调低至 5.5：1～5.8：1，将主预警指标猪粮比价的盈亏均衡线从 6：1 下调至 5.5：1，中度和深度亏损线依此类推均下调 0.5，分别至 5：1 和 4.5：1。当猪粮比价进入蓝色预警区域时，不启动中央冻猪肉储备投放或收储措施，进入黄色预警区域（价格中度上涨或中度下跌）一段时间（通常为 1 个月）后，才启动中央储备冻猪肉投放或收储措施。提高了储备吞吐措施启动门槛，收储量最高可达到 25 万吨，远高于平常年份的 15 万～18 万吨，无论是企业还是国家均有收储冻肉的可能，减少政府调控市场，更多地将市场还给市场。完善了响应机制设置，下调盈亏警戒线扩大了正常价位的区间，特别是当猪肉价格大跌时，弱化了微观层面调控，更注重宏观调控。但过度上涨的警戒线 8.5：1 并未提高。当前的生猪市场在经历了长达 2 年的低迷、亏损期后，进入盈利期，生猪养殖企业和生产者信心均亟须恢复。政府相关部门在调控时需根据影响猪粮比价的生猪价格和玉米价格的实际变动情况来制定和实行相关政策，而不仅仅是猪粮比值。

2009—2015 年国内猪粮比价变化情况见图 9-3。

6. 猪肉进口增加冲击国内市场　影响生猪价格下跌还有一

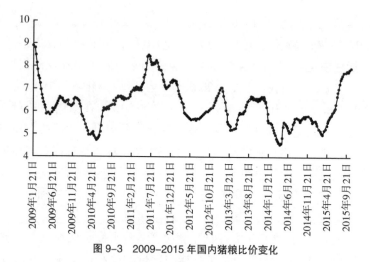

图9-3 2009-2015 年国内猪粮比价变化

个原因是进口猪肉，往年我国猪肉年进口量约 50 万吨，不到国内猪肉产量的 1%，对生猪价格冲击不大。但近年来我国猪肉进口整体呈上升趋势，2015 年中国猪肉进、出口量均创新高，鲜冷冻猪肉进口量达 70 万吨，占 2015 年国内猪肉产量的 1.22%，冻猪杂碎和冻猪肝进口量达 80 万吨。低价进口猪肉进一步挤压了高成本国产生猪的市场。与价格低于国产猪肉近 50% 的进口猪肉相比，对于生猪屠宰和食品加工企业，若能顺利获得进口猪肉，企业逐利的本性会让其毫不犹豫地选择进口猪肉，而采购、屠宰国产生猪的量必将受到影响。猪肉价格处于高位运行阶段，加上国际贸易及国家战略的需求，越来越多的猪肉屠宰和加工企业已与外企建立了合作关系，这势必加大国外猪肉的进口量，对国内猪肉市场的冲击将不断加重。上涨周期阶段，进口猪肉的数量或将不断加大，也可能成为常态。猪肉进口对平抑国内猪肉价格高涨确实起到了一定作用，但在国内生猪供给充足且猪肉消费不旺时，保持一定量的猪肉进口对物价持续下跌又形成一定的打压。2012—2014 年期间，中国猪肉月度进口量一直保持在 5 万吨左右的较高水平，而猪肉价格却持续大幅下跌。

7. 居民猪肉消费行为分析 猪肉需求指消费者在每一价格水平下愿意购买并能够购买猪肉的数量，猪肉需求定律表明在其他条件不变的情况下，猪肉价格的变化会带来猪肉需求曲线上点的移动，即猪肉作为正常商品，猪肉价格与猪肉需求量呈反向变动的关系。在猪肉价格保持不变的情况下，猪肉需求变动还取决于相关产品价格、消费者收入水平、消费者的偏好和消费观念、文化习俗、未来价格的预期、人口数量、结构与政府的消费政策等微观和宏观因素的影响，这些因素的变化会导致需求曲线的移动，推动猪肉消费需求层面的变化。

生猪生产能力调整和市场供给调整，也受到政府调控和养猪场预期等因素影响，深层级的问题仍是市场缺乏宏观、准确的总量预测和信息引导机制，由于没有权威、合理、可信的价格预测引导机制，生猪生产经营者无法做出科学、正确的决策。

（二）生猪产业的市场结构分析

市场结构通常是指市场由哪些成员和部分组成以及它们之间的相互关系，它不仅涉及参与市场活动的人和组织，还涉及市场力量的分布。依据不同的标准可将生猪产品市场结构划分为市场的空间结构、市场的时间结构、市场的竞争结构、市场的层次结构和市场的品种结构等类型。

1. 生猪市场空间结构分析 按照农产品涉及的空间地域范围不同，生猪市场空间结构划分为国际市场、全国市场、区域市场和地方市场。

进入 21 世纪以来，我国的生猪产业发展迅速，但是生猪产品出口量极小，占全国生猪产品总产量的比重极小，说明我国生猪产品的市场主要在国内。从全国市场来看，由于人们的消费偏好与消费习惯不同，南方地区市场猪肉消费量比北方市场大，而东南沿海地区、西南地区、东北地区的居民消费大于西北地区的居民消费。而从生猪产品品牌的竞争来看，双汇、雨润、金锣等国内市场的品牌占据较大的市场份额，并且分布于全国市场。而一些地区的小品牌则主要占据所在地的区域市场或地方市场，无品牌的生鲜肉产品主要占据生产地的地方市场。

2. 生猪市场时间结构分析　从市场的时间结构来看，我国的生猪产品市场目前只有现货市场和期货市场两种。

目前，我国生猪产品的现货市场主要有专业生猪产品类批发市场、农贸市场以及超市和副食商店3种形式。专业生猪产品类批发市场以生鲜猪肉产品为主，一般设在主要产地和主要销区，属于生猪产品类批发市场，目前这种市场管理比较规范。农贸市场是目前我国生鲜猪肉产品主要的交易场所，农贸市场的交易量占目前生鲜猪肉交易总量的3/4左右，超市和副食商店的猪肉消费量占生鲜猪肉消费总量的1/5左右。

生猪期货就是标的物为生猪的期货合约，具有套期保值的重要功能，其基本原理是利用生猪现货价格和期货价格保持平行运动，以及两者在期货合约到期时趋于一致的规律，通过在生猪现货市场上与期货市场上持有"相等但相反"的头寸，以期在未来某一时间通过做出相反交易方向的动作，即卖出或买进期货合约，对冲平仓、结清期货交易带来的盈利或亏损，以此补偿因生猪现货市场价格不利变动所带来的损失。我国生猪的期货市场目前还处于萌芽发展阶段。目前，仍没有交易所上市生猪期货合约，只有4家大宗农产品生猪电子交易平台，分布在苏州、湖南、重庆、四川，在这些电子交易平台上有类似的合约进行报价交易。

3. 生猪市场层次结构分析　我国生猪产品市场可以划分为产地市场、批发市场和零售市场等形式。产地市场是直接面向生产者的市场，零售市场是直接面向消费者的市场，批发市场是调节农产品供求关系的流通中转市场。目前，我国生猪主产区已经逐步建立了生猪流通服务网络。生猪主产区建立了以批发市场、专业市场为中心的畜产品市场体系，同时各个主产区纷纷建立了生猪生产协会等中介组织，通过生猪生产中介组织把农村的运输大户、养殖大户及各种形式的市场服务网络组织起来，形成上下贯通的生猪市场网络服务体系。

4. 生猪市场的竞争结构和品种结构分析　我国生猪产品市场从竞争结构上来看，虽然有华正、双汇、雨润、金锣等几大品牌，但是在生鲜猪肉的消费市场占有份额相对较小，只占20%左右，也就是说80%的生鲜猪肉消费量是来自于农贸市场，可见，生猪产品的市场仍接近于完全竞争市场。我国生猪产业的市场按照品种结构不同可以划分为生猪生鲜产品市场、熟食产品市场、皮毛制品市场等。当前，我国生猪产业的品种市场结构中生鲜产品市场发展情况优于其他品种市场结构。

（三）生猪的营销策略

1. 及时市场调研，预测市场风险，调整供需　如何预测市场风险是合理调整生产规模、降低价格风险的关键所在。要想做到准确预测，就需要理性地去对待，需要详细考察养殖行业的波动历史，需要了解不同时期价格产生大幅度波动时的生猪产品供需情况和国民经济发展情况以及了解全国城乡整体生活水平的变化情况、日常生活消费中生猪产品所占有的基本比例，这样才能更准确地对未来市场做出合理的预测。在对价格进行预测时，不能忽略国民经济和供需与价格变动时存在的时间差，这一点相当重要，这个时间差一般在5个月以上。如果忽略了时间差，所做的生产规模调整就会出现误差，同样会造成损失。通过预测可以在价格转换之前进行生产量的适当调整：一方面，减少育肥猪的出栏量，降低超低价位时造成的损失；另一方面，着重进行后备母猪的培养，把育肥猪的出栏时间尽量设置到盈亏点以上。

2.关注饲料原料价格波动，调控生猪适时出栏时间　饲料是直接影响养猪利润的基础，饲料原料价格与生猪价格是密切相关的，两者之间又存在一种不协同性，往往是饲料原料价格已经涨了很长时间，生猪价格才缓缓地涨起来；有时甚至是一种反比，饲料原料价格上涨时，生猪价格反而会下跌。总之，饲料原料与生猪价格在上涨时会有一个共在期，原料价格与生猪价格在正常情况下呈跳跃式交替进行，往往原料价格上涨了一段时间后生猪价格才会涨上来，而在此期间如果所用的饲料原料是现用现买，养猪利润就会出现不同程度的下降，而有时当原料价格已经下跌了，生猪价格却仍高居不下，此时养猪行业就会出现暴利，这种暴利会刺激更多人跻身养猪业，同时也会使一些正在经营中的养猪场盲目地增加生产量，从而在短期内造成供需矛盾的激化。但是，一些养猪场在经历过暴利阶段后仍会赔钱，其原因很简单，在高价位时该猪场正在扩大规模，增加生产量，生猪出栏量较少，而当市场需求已经饱和，价格已经跌破盈亏点时猪场的出栏量却正在高峰，此时出栏量越高反而越赔钱。

3.关注能繁母猪数量变化，适时调整猪群结构和产量　种猪场的供销量与养猪市场也存在着不可忽略的关系。如果在某一时期，种猪供应出现脱节，种猪供不应求，种猪价格一涨再涨，此时应该首先去关注一下收购淘汰母猪的人员，询问最近淘汰母猪的数量，从而把购买种猪的数量与淘汰母猪的数量进行比较，看是否成比例，如果种猪的购买量大于母猪的淘汰量，那就说明，在大约6个月以后，生猪的存栏量会有所增加；如果种猪的购买量要比母猪淘汰量高出许多，而且淘汰母猪价格也很高，但就是很少有人淘汰母猪，那么降价的可能性在2年左右就会到来。部分养猪企业就会抓住这个时机，把场中的母猪进行大量的淘汰，然后到适当的时间去引进原种猪群。此时，大多数猪场因无力支撑下去而大量淘汰猪群，猪的存栏量就会缓缓下降，当生猪的供应出现严重不足时，市场的生猪价格自然就会因屠宰商的抢购竞争而涨价。但因地方区域性的不同，可能会出现一定的时间差，因此在做预测时一定要考虑到时间差的问题。

4. 推出产品特色，塑造品牌形象　生猪产业市场竞争已由产品竞争、价格竞争进入品牌竞争。品牌是企业的无形资产，其基本特征是知名度、美誉度、满意度、忠诚度、市场占有率高、获利能力强。品牌体现着企业的素质、信誉和形象，代表了企业的产品质量、管理水平、员工素质和商业信用，是企业市场竞争能力的综合体现。产品质量是创造品牌的基石，品牌是先有"品"，后有"牌"。不管是哪个行业的品牌都是以优良的质量作为坚实基础和后盾。养猪企业必须突破传统思维，牢固树立质量意识和品牌意识，努力打造名牌产品，形成品牌竞争优势，以质量树品牌，以服务固品牌，提高企业品牌知名度、美誉度、顾客对产品的满意度，通过实施品牌化营销战略，提高市场占有率。

5. 采取产供销一条龙的整体营销渠道　产供销一条龙是规模化养猪业的最佳选择，能够帮助企业建立信誉，增强核心竞争力，提高养猪的整体效益。为满足高端市场的需求，首先以屠宰厂为圆心，在适当的销售半径内，选择大中城市建立猪肉专卖店。采取统一店铺形象，统一销售价格，统一货品配送，统一服务规范，统一包装，统一核算管理的"六统一"营运模式。

6. 直销及合作社营销　直接营销是指无须中间商的服务，直接将生猪销售给加工商的一种营销方式。中小猪场，直接把猪肉销售给终端市场是最简单的一种营销策略。直销方式充分利用专卖店、农贸市场、网络销售，利用现代网络平台和电子商务手段，对高档酒店、宾馆、机关企事业单位食堂等特殊消费群体，可通过"商对商"模式，建立定点直销渠道，与之签订长期供销合同，定期定量保障供货；对千家万户的消费者，则通过"商对客"的直销模式建立畅通的营销渠道，消费者可使用网络、电话、短信等手段订货，企业则通过小型流动冷链送货上门。这两种模式能为企业和消费者节省时间和空间，大大提高交易效率，降低交易成本，防止假冒伪劣商品的发生，消除消费者的顾虑，坚定消费的信心。

中小猪场协议加入合作社，与合作社签订合同，各社员将生猪直接交给合作社统一加工处理、销售，合作社按照统一商标、合理价格销售产品后，将利润扣除一定比例返还给社员。对中小猪场来说，保证了产品有销路且价格合理；对合作社来说，保证了产品供应，使其有能力与大规模猪场、公司相抗衡；对消费者来说，可以买到价格更低廉、品种更丰富、味道更鲜美的猪肉产品。

7.适时推出生猪期货，降低生猪产业经营风险　生猪现货价格具有较强波动性，目前缺乏避险工具。这不仅使生猪生产者、猪肉加工和流通企业面临着无法回避的风险，而且还严重制约着生猪的品种改良、规模化与标准化养殖和猪肉深加工增值产业化进程。在靠市场自身调节解决不了生产稳定问题和政策与政府补贴支持有限的情况下，上市生猪期货是以金融手段为农户和企业的规模化、专业化生产进行保驾护航的有效手段，为生猪相关产业的经营降低风险、稳步发展提供保障。生猪期货最大的价值就是让生猪可以提前面对市场，利用期货市场的远期价格发现功能，通过"先卖后养"规避风险，合理安排生猪养殖，减少生产的盲目性，减缓现货价格的不合理波动，从而保证一定的利润。

二、种猪的营销策略

目前，种猪生产场家越来越多，竞争也越来越激烈。尽管俗话说"酒香不怕巷子深"，但好的种猪不一定就有好的销路和销量。有的种猪场饲养的种猪无论在外形还是生产、生长性能方面，在国内同行业中都属于一流或中上等水平，但由于销售不给力，经济效益不明显；而有的猪场，由于宣传到位、主动促销、售后服务完善，无论是销售数量还是价格，都能处于领先地位。究其原因，除了种猪性能优势外，销售策略起到了关键作用。

（一）种猪市场调查和种猪场自身分析

首先调查种猪市场的发展趋势、政策因素对行业的影响，本行业高新技术方向，各个地区种猪的需求量，不同客户的购买心理等情况；其次应调查同行业各主要竞争对手状况、实力、产品的优缺点（种猪的性能、体型外貌等）及发展趋势，市场占有率、广告、价格、销售渠道、服务质量等营销策略方面的情况，并调查近期内是否有新的竞争对手进入市场。

种猪场自身分析应包括对本场竞争环境、市场知名度、促销效果、产品质量及市场潜力、员工素质、技术力量、企业管理水平、生产成本等，做到"知己知彼，百战不殆"。

市场调查可通过政府部门咨询、同行业之间交流、行业报刊信息、访问养猪企业及专业户、邮寄质量服务跟踪卡、行业计算机信息网络等方式进行。

（二）种猪市场细分与目标市场选择

根据顾客产品的用途，种猪市场可细分为外销型猪场和内销型猪场，每种用途的种猪整体市场又可分为若干个买主群，分别为原种猪、合成系种猪、二元杂种（F_1）母猪及配套系种猪等市场。种猪生产企业可根据本身的实际情况决定选择一类或几类，甚至整体市场为目标市场的决策，从而发挥本企业的有利条件，制定最佳的营销策略。

（三）种猪市场定位

种猪场应该突出本场产品或服务的优势。种猪市场定位包括：突出体型外貌、繁殖性能、生长速度、抗病力、肉质或各方面服务等。塑造出本企业产品与众不同的形象和内在气质。

（四）市场营销因素组合

种猪市场定位后，要根据种猪客户需要和有关环境因素制定营销组合方案。营销组合方案概括为 4 大类：产品策略、销售渠道策略、定价策略、促销策略。

1. 产品策略　产品策略是营销活动的核心内容，是种猪场市场营销策略的出发点。种猪企业为了更好地组织种猪的市场营销，就必须研究和制定产品策略。

（1）种猪产品特性　种猪产品包括 3 个层次：一是核心产品，指种猪有正常的繁殖力，能满足种猪使用者需要；二是有形产品，包括种猪质量、品种、特点、品牌等；三是附加产品，主要指种猪场为种猪使用者提供的各种服务。

（2）产品因素

①质量策略　种猪使用者在选购种猪时，首先考虑的是种猪质量。品质优良的种猪对企业赢得信誉、树立形象、占领市场和增加收益，具有决定性的意义。因此，种猪场必须高度重视种猪质量问题，将质量意识灌输于猪场管理的每一个环节。

要定期评估种猪质量水平和优缺点；定期进行市场调查，倾听专家和客户意见，以市场为导向，制定育种方案，最大限度地满足客户的需求；了解国内外育种方向，及时掌握先进的育种技术；保证种猪质量长期稳定；注意市场反馈，使种猪质量保持同行业领先水平，用质量托起销售市场；逐步建立猪场内部质量体系，推行 ISO 9000 质量控制体系。

②服务策略 新的市场竞争将主要是服务的竞争。假设种猪供求平衡，质量、价格竞争已难分高低，种猪企业靠什么去获取竞争优势？靠服务。向客户提供优质种猪的同时，应伴以规范的全面服务，通过服务消除客户的各种顾虑，维护产品在客户中的形象。

种猪场应从以下两方面创优质服务：制订服务理念；完善服务机构，提供全面的售前、售中、售后服务。

售前服务：包括广告宣传策划、选择有效媒体发布、提供热线咨询和信息服务、建立推广示范场，甚至帮助客户分析、选择猪场规划设计等。要设立专门的销售服务部门，利用计算机建立客户档案，把多种渠道得来的客户资料输入计算机进行系统管理，聘请养猪专家参与解答客户有关疑问，对客户进行技术培训，建立与客户联系制度，从反馈的信息中进一步确定育种的目标和方向。

售中服务：包括待售种猪除保证品种优良，家系至少2个以上外，还必须提供详细的养殖资料，包括性能指标、饲养管理关键技术、免疫程序和防疫措施等。此外，系谱资料还应准确全面，某些血统间交叉会发生问题更要特别指出。对有特殊要求的客户，如联系空运、车皮计划应尽力相助，力争使客户慕名而来，满意而归。

售后服务：应具有主动性，方式包括定期或不定期电话联系和走访，了解种猪在客户处的生长、生产情况，发现问题及时帮助、指导、解决，特别是生产上出现较大问题或影响较大的猪场，更要耐心细致、准确地找出原因并制定出切实可行的解决方案。良好服务会促进销售增长，提升猪场信誉，帮客户解决了急需解决的问题，也表明了对客户的重视和尊重，是吸引回头客的重要条件。

③品牌策略 种猪品牌就是产品商标。种猪品牌是在利用

国内外的种猪遗传材料基础上，通过多年的选育，既具有本品种的特点，又在某些方面突出特性，并在商标管理部门正式注册、登记的种猪产品。

种猪品牌就是种猪的牌子，包含种猪品牌名称、标志、商标等概念。品牌可以帮助种猪企业占领市场，扩大产品销售，在市场竞争中，品牌作为产品甚至企业的代号而成为销售竞争的工具。哪个品牌在种猪使用者中影响大，为使用者所熟悉、所接受，这种品牌的种猪就销售得快。

④新产品开发　种猪选育应致力于种猪品种各项性能和指标一年上一个新台阶。投入大量的资金和精力，运用科学选育技术，坚持不懈地进行品种的改良，致力于提高种猪各个世代的性能，不断探索最佳配套组合，提高种猪的各项经济指标。种猪场要达到"生产第一代，掌握第二代，研究第三代，构思第四代"，才能使产品质量处于领先水平。

2. 销售渠道策略　销售渠道策略包括种猪销售途径和运输。种猪属于鲜活商品，种猪场一般采用直销型渠道，直接将种猪销售给养猪企业或养猪户。也有由中间商介绍客户前来购买或由中间商转手销售给养猪户的间接销售渠道。近几年，养猪企业和养猪户还可以通过种猪拍卖活动购买优质种猪。

采用直销型渠道销售种猪，需要掌握现场销售种猪技巧，具备配套设施方便客户选购。

客户往往会要求查看产品，而种猪的健康和防疫又要求严格控制外来人员进入，应采用观看种猪场资料录像带或 DVD 观察种猪；或设立种猪展示室，通过密封观察窗观察种猪；或用闭路电视系统观察种猪等方法。

在客户进行现场观察之前，销售人员应与客户进行短时间交谈，了解客户及其单位情况，再针对性地向客户介绍、推荐种猪，并耐心、全面地回答客户提出的问题，使客户放心购买。

种猪运输主要经航空、公路、水路和铁路运往目的地，运输过程应尽量减少伤残、避免死亡。对有应激的品种，启运前要先注射镇静剂；对长途运输车辆，车厢底面应铺上木板或细沙，避免肢蹄的损伤。

　　3. 定价策略　种猪定价按企业的战略目标来制定。种猪场应根据种猪品种、质量、市场受欢迎程度、生产成本、地区性、级别、竞争对手价格来决定种猪的价格。如果种猪场已选定目标市场，并进行市场定位，定价策略主要由早先的市场策略来决定。

　　4. 促销策略　促销第一步是促销员自我推销，要将自己的诚意奉献给对方；第二步是企业推销，将企业的形象展示给对方。促销策略包括人员推销、产品广告、会议营业推广、企业形象等。

　　（1）人员推销

　　①推销队伍建设　每一个成功企业的背后，都有一批成功的推销员。企业除了组建一支以先进科技知识和强烈市场竞争观念武装起来的育种技术队伍，更重要的是组建一支以先进市场营销策略观念和专业知识武装起来的市场营销队伍。

　　从事种猪推广的营销人员，知识要全面，至少要在猪场从事生产操作2～3年，详细了解整个生产流程，比较熟悉各个生产环节。能应对客户的各种问题，客户会产生好感，若能帮助客户解决一些问题，如疾病处理、营养水平调整、饲养管理等，推销起来就比较容易。营销人员要诚实、敬业。介绍自己的产品要客观，不能夸大其词，乱说一通。

　　②推销人员的管理　猪场要对推销人员提供必要的支持，定期的相关技术培训，及时配套的广告宣传，灵活的价格政策，合理的薪金奖励制度和完善的后勤服务。

　　③寻找客户　通过各地农牧主管部门和养猪行业协会寻找

信息，从电话号码本和各种广告、工商目录寻找目标客户；利用现有客户介绍新客户的办法寻找客户；借助农牧院校专家学者的影响促进销售，并在他们协助下，把在范围内的准目标顾客找出来，最好的做法是公开聘请知名专家学者做种猪场的顾问，除了能够提供科研方面的帮助外，对于销售工作来说，也是无形中向场家提供了客户群体，保障了销路畅通；采用纵横联合战术，与有共同目标的非同行业单位（如饲料、动物保健行业）携手合并，共享目标顾客。

（2）**产品广告** "酒香不怕巷子深"这一古老的生意圣经已经过时，"王婆卖瓜"的古训则成了现代营销箴言。在竞争激烈的种猪市场上开拓发展，广告是沟通企业及其产品与客户的桥梁，广告媒体主要有电视、广播、杂志、报刊、橱窗、路牌、商品目录及在互联网上发布产品信息等。由于种猪产品较为专业化，农产品的产值和利润不高，广告价格昂贵的电视等媒体暂时不适合种猪企业选择，应在支付能力范围内选择专业性强，在本行业内影响面大、范围广的杂志、报刊刊登广告；印刷广告材料，通过邮寄、专业会议派发等形式进行宣传。广告内容要有创意，力求吸引客户注意，并留下深刻印象。开展广告活动要注意以下3点：

①广告时机的选择　种猪销售有一定的季节性，夏天引种不利于运输，冬天引种不利于防疫，因此在秋季和春季来临之前，是发动广告攻势的最佳时机；从外国引进种猪时和新品系适宜育成前进行广告宣传。

②广告区域和范围的选择　一般选择养猪企业和专业户相对集中的地区。

③广告的真实性　广告宣传的内容必须与事实相符，否则将"搬起石头砸自己的脚"。

（3）**会议营销推广**　种猪销售与其他商品的销售不同，必须利用行业内的会议和展会进行宣传和营销工作，行业会议可以短时间将行业内的精英聚集到一起，利用会议介绍种猪，了解认识推广种猪。行业会议权威性强，可以认识很多新建猪场客户，同时需要种猪的客户也会到现场参加会议，是很好的交流沟通方式。

会议营销是集中与客户及各方进行面对面直接沟通的场合，所以虽然通常都需要企业内部之间的协作，但更多的是需要与企业外部的机构和个人进行深入的交流。会议营销人员发挥的作用是为领导讲话确定基调，为销售顾问确定需求，为专家教授讲座树立专业形象。

会议价值营销推广是种猪促销活动的一支"利箭"，是对人员推销、产品广告的一种补充手段，通常通过畜牧业展销会、交易会、种猪拍卖会、技术研讨会，以及有奖销售，赠送新育成的优良种猪、赠送有宣传效能的纪念品，对客户和中间商购货折扣，采用欲擒故纵和放长线钓大鱼等销售推广技巧，宣传本企业的产品。通过会议营销推广可结识更多的朋友，获取所需的信息，吸引客户前来购买。

（4）企业形象和口碑营销　种猪企业要想在市场竞争中取得竞争优势，就必须塑造良好的企业形象，在行业内具有良好的口碑，良好的营销环境会给种猪销售至关重要的帮助。

种猪企业可通过获得行政表扬、建立企业统一标识、创造新闻契机、参加学术交流和公益活动等多个层面创造良好的营销环境，抓住时机，促进营销策略的顺利实施。

口碑营销也是种猪销售的一个重要方法，通过客户口碑可以更加直观地影响其他客户。口碑传播最重要的特征就是可信度高，因为在一般情况下，口碑传播都发生在朋友、亲戚、同事、同学等关系较为密切的群体之间，在口碑传播过程之前，他们之间已经建立了一种长期稳定的关系。相对于纯粹的广告、促销、公关、商家推荐等而言，可信度更高。

三、互联网＋营销策略

信息网络技术的开发以及应用，将对传统的营销观念、模式产生巨大的影响。在网络时代，养猪企业应不断创新，运用市场营销理论结合现代的信息网络技术，掌握市场主动权，形成强有力的竞争优势，在竞争激烈的种猪市场上占有一席之地。

（一）养猪企业实施网络营销的准备

1. 规划合理的营销费用　相对于传统营销手段来说，网络营销的优势在于可以在同样资金投入的情况下挖掘出更多的营销资源。企业建设一个网络营销团队，有 2～3 人即可，1 人策划，2人执行，加上前期的网络营销广告等投入，预算在 20 万元左右。但是通过网络营销带来的资源和营销成果，会呈几何倍数增长，这还不包括网络营销中品牌的建设。

2. 配备专职网络营销负责人　种猪场网络营销专员要熟悉并了解行业、企业、产品、客户，同时具备较为全面的网络知识。最好是由了解猪场业务情况的销售、市场、企划经理或总经理秘书来担任。

3. 建立并及时更新企业网站　从网络营销的角度来看，网站本身是最有利的一个营销工具，企业网站最重要的功能就是信息发布，即使一个最简单的网站，也比印刷刊物可以提供的信息要多得多，并且可以不断更新，将最新信息向客户、潜在客户提供。

做好以上准备工作，养猪企业已经具备开展网络营销的基本条件，但是要实现有效的网络营销目的，还有很长的路要走。

（二）养猪企业开展网络营销的策略和技巧

1. **网络品牌塑造** 网络品牌塑造的最佳途径就是网络广告，相对传统纸质广告，网络广告展示内容更丰富、互动性更强、受众群体更精准、效果评估更准确。

养猪企业提高网络营销广告效果需要做到以下几点：首先，经常更换广告位，给客户耳目一新的感觉；其次，企业广告要与企业大事件和产品理念有机结合，如种猪企业从国外引种可以在行业网站投放阶段性的事件广告宣传，或者通过网络广告推广企业的核心育种理念、企业口号；再次，选择最合适的网络广告平台，对于种猪销售、寻找引种企业、提升企业品牌知名度、建立口碑无疑会是工作中的重点，所以行业媒体是投放广告的首选。行业媒体价格相对低廉，直接覆盖客户群体，是销售的良好武器。而对于一些实力较弱的企业来说，把广告资源集中在某些区域，效果无疑会更好些；最后，要选择访问量大、性价比高的网络媒体。

2. **网络市场调研** 市场调研是养猪企业很重要的一项工作，通过市场调研，可以掌握潜在客户的养殖规模和引种计划等客户信息，随时把握客户需求，根据客户需求安排生产计划。网络市场调研对于养猪企业来说是最简单、最高效的方式，养猪企业可以在行业潜在客户集中的论坛社区，发起调查问卷或者简单的投票贴，如果客户配合调查给予一定的奖励措施。开展有奖调查，可以在短时间内吸引大量目标客户参与调查，快速高效完成市场调研，并且获得大量有效的客户信息。种猪企业开展网络市场调研也是与中小猪场沟通互动的机会，通过调研既把握了客户需求，也让客户对企业有了初步认识，对于后期种猪销售很有帮助。

3. **网络软文营销** 软文就是具有广告色彩的文稿，种猪作为一种特殊商品，在客户未亲眼看到前，往往无法直接判断其质量好坏或者真实价值，所以养猪企业必须通过软文来开展理念营销，让客户先接受企业的产品理念，再认同种猪产品。养猪企业可以从很多方面撰写企业新闻稿和软文，如企业从国外引种、企业培育出新品种或者新品系、企业获得新的荣誉证书或被评选为国家核心育种场、省级示范育种场等称号，都可以写成新闻稿，投稿到各大行业媒体网站上，借助媒体来侧面证明企业实力和种猪质量。要注意的是，书写这类软文不要"吹牛"，否则人们是不屑的，特别不要使用极端语言，如"国际先进""全球领先"等。养猪企业还可以针对育种理念和企业文化撰写很多故事软文和技术软文，书写这类软文一定要有科技含量，万万不要使用脱离理论基础的不实之词。通过软文传播企业的育种新技术、猪场经营管理新理念，让客户先接受企业理念，认同企业新技术，再决策购买企业的产品。

4. **网络事件（活动）营销** 事件营销是根据行业热点，策划与企业品牌或者产品密切相关的事件、人物来开展市场营销。当然，养猪企业也可以参与到行业媒体和其他单位主办的活动中，比如国外引种事件，可以在网上策划引种专题，详细报道引种前后过程，突出企业规范化的引种操作流程和综合实力；新猪场落成也可以策划猪场奠基仪式网络专题报道；新品种育成时可以在网上策划新品种征名活动；参加行业展会，可以组织网友免费抽奖活动等。

养猪企业开展网络事件营销必须考虑以下几点：如何最大化地吸引潜在客户参与；如何吸引更多媒体关注，主动关注报道传播事件，引爆企业事件成为行业热门事件；同时，种猪企业开展网络事件营销，还要注意舆论控制，防止出现负面舆论和客户的抵触心理。

5. **博客、微博营销** 博客营销就是在各种博客平台上开通博客，通过策划定位博客功能和营销目标，根据博客定位发布相关内容，通过博客培养粉丝，并且与博客粉丝的互动交流过程。微博就是微型博客，与博客相比，微博信息传播速度更快，操作维护更简单、更灵活。无论是博客还是微博，对于种猪企业来说都是一个自媒体窗口，完全由企业自己来控制和管理，发布内容和形式不受限制，给种猪企业开展个性化营销带来了极大机会。就种猪企业来说，如何做好博客、微博营销，特别需要做好以下几方面的工作：

（1）**清晰的定位**　博客营销的形式是一样，但是博客营销的目的却相差很大，任何一个博客如想成功达到预期目标，必须进行精准的策划定位。种猪企业可以策划企业品牌形象博客、专家博客和技术服务博客，分别来达到不同的营销目的，其中企业专家博客或者企业领导人的博客最主要，企业专家经常写博客，往往可以达到个人知名度提升与企业品牌塑造的双重目的。

（2）**建立开通博客、微博**　开通博客的时候，一定要起一个好名字，并对博客进行装修设置，如设置博客签名、博客头像和修改博客模板，最大化地展示企业品牌形象或者产品。企业专家博客一定要在定位上突出专家形象，如种猪企业专家博客名字可以是育种专家、猪场管理专家等。

（3）**内容维护**　企业博客要根据博客定位发布对潜在客户群体有价值的内容，专家博客尽可能的只发原创文章，突出专家个人所长。切记企业博客不是企业的广告平台，不能在博客上发布很多产品广告和企业新闻，要多发一些与种猪饲养管理、疫病防控、引种改良密切相关的技术文章，让潜在客户通过企业博客可以感受到企业的专业技术和先进的管理水平，当然也可以将企业的各种软文发布到企业博客上。

（4）**互动是成败的关键**　对于博客和微博来说，互动是最主要的营销环节，互动就是对读者的留言、评论等内容及时回复，解答潜在客户的各种疑难问题，拉近与读者和粉丝的关系。

6.社区论坛营销　社区营销又叫互动营销，其实施策略很多，对种猪企业来说，论坛营销是最有价值的社区营销，养猪企业的博客、微博除非是建立在行业的社区博客平台上，否则往往粉丝增长缓慢，博客流量非常小，效果不明显，其主要原因就是受众不精准。而论坛恰恰相反，论坛往往按照行业或者兴趣来分类，养猪行业论坛主要活跃用户就是畜牧行业人士，以养殖户最多，所以养猪企业开展论坛营销是一种非常精准的网络营销方式，但做好论坛营销，养猪企业需要注意以下几个问题：

（1）**遵守论坛规则**　任何论坛都有自己的社区规则，违反社区规则，轻者被删除帖子，重者往往会被禁言，乱发广告也会有损公司的形象。遵守社区规则，需要只在指定板块内发布产品供求帖子，不在交流板块发布任何广告。

（2）**有目的地参与论坛讨论**　种猪企业网络营销人员可以组织策划各种种猪话题，引发网民讨论，在讨论中了解客户需求，传播企业理念，树立企业品牌形象。当然，企业可以在论坛里发起调查和投票，开展各种网络调查。除了发布话题外，论坛营销必须要多跟潜在客户互动，以企业技术专家身份解答网友疑问，回复推荐网友帖子，才能让更多网民关注自己的帖子。

（3）**策划组织论坛活动**　论坛营销成效最显著的方式就是策划论坛活动，论坛活动形式多种多样，企划人员往往需要与论坛互动营销专员协商，根据企业营销目标，提供合适的奖品，有计划地开展有奖征文、盖楼和抽奖活动，在活动中插入企业软广告，巧妙传播企业品牌和核心产品。

7.养猪企业营销招商　网络营销方法可以实现多种功能，如品牌塑造、知名度提升、了解客户需求、挖掘潜在客户，但最终目的是为了在网上获得真实的客户，实现网络招商。企业开展网络招商的最佳途径是在养猪行业网站开通一个网络店铺，或者有专门的产品落地页。网上店铺比企业自身网站流量更大，用户更精准，转化率更高，企业网络店铺需要具备如下功能：详细的产品展示、完整的品牌形象和综合实力展示，完善的客户留言系统、在线即时沟通工具等。种猪产品很难直接实现网上交易和线上支付，所以种猪行业网络招商更多的是指通过网络获得潜在客户，以便继续线下跟进促进成交。养猪企业开展网络招商除了建立企业网上店铺或者产品落地页外，还需要做店铺推广工作，引导潜在客户进入店铺。推广店铺的方式很多，如购买产品直通车广告位、在博客平台上开通企业博客、在行业论坛供求板块发布帖子或者在 QQ 群、微博上来推广企业店铺。

8. **建设生猪交易市场平台** 依托国家级生猪交易市场汇集生产、流通、消费等各个环节真实数据，通过"互联网＋大数据库"对生产、消费需求进行分析，进而充分发挥市场在资源配置中的决定性作用。

生猪活体线上挂牌交易致力于给养猪户、贩运户、屠宰加工企业及政府决策一个更加可靠的生猪市场价格信息，促进生猪产业的持续健康发展。养猪户通过电子交易平台可以实时了解生猪市场价格行情，自主决定买卖，一定程度上也可以有效调整其养殖周期；生猪经营户、屠宰加工企业同样可以实时了解生猪市场价格行情，可在线方便快捷与养猪户直接沟通，自由竞争交易。同时，在线交易买卖主体明确，为生猪及其产品质量安全责任到人提供了可靠依据。此外，电子商务平台将提升网络支付的使用率，现金交易将在交易环节逐步减少。

（三）网络营销的客户关系维护

养猪行业竞争日趋激烈，客户关系维护是很关键的事情，减少老客户流失是养猪企业经营管理者都很关注的问题。在没有网络的时代，养猪企业维护客户需要花费很多的时间、人力和财力，如外派驻场技术员跟踪服务，而在互联网时代，可以借助便捷的网络通讯工具来维护客户。在网络营销阶段，通常可以通过以下方式建立和维护新颖的客户关系。

1. 设置在线客服QQ　在企业店铺和官方网站设置客户沟通工具，最好是客服QQ，潜在客户来到企业店铺可以直接与企业销售人员或者售后服务人员在线对话，一方面可以获得大量准客户信息，另一方面及时的在线客服沟通可以大大提高意向客户的转化率。

2. 开通企业微信公共号　微信已经成为一种非常主流的移动沟通工具，目前微信用户已经超过3亿，微信甚至颠覆了传统电信运营商的短信和电话业务。养猪企业可以申请开通微信公共账号，邀请客户或者潜在客户关注企业官方微信，定期通过企业微信公共号分享行业最新新闻动态、法规政策、行情走势信息、猪场管理新技术、新经验，随时通过微信调查客户需求和引种计划，实现与客户的对话。

3. 电子邮件与客户随时沟通　电子邮件营销已经存在10多年，在目前也是比较有效的客户沟通和服务工具，借助电子邮件，企业不需要外派技术员，通过邮件可以将企业的技术资料和生产管理模式传递到客户手中，随时指导客户改变错误的生产方式，帮助客户解决生产中的各种疑难问题。

4. 组织网络课堂　对于养猪企业，经常在线下组织会议讲座、客户培训或者免费参观活动，不仅成本高，花费精力大，而且线下会议由于时间、路途问题，很多客户都不愿意参加。企业借助YY等网络语音平台或者网络视频课堂，组织线上的技术讲座和培训，企业技术专家坐在计算机前就可以讲课，解答客户问题，并且通过网络课堂培训，可以建立牢固稳定的客户关系，减少客户流失率。

总体来说，网络营销是近年来出现的新鲜事物，也是系统的、复杂的工作，由于新的网络平台不断涌现，网民集中方式不断迁移，养猪企业开展网络营销，必须同时执行多种网络营销策略，统一企业宣传目标和口号，借助不同的网络平台，多角度、多形式地宣传推广企业品牌形象和产品理念，这就是我们提倡的网络整合营销策略。

第十章
养猪风险管理

　　养猪业风险管理是研究养猪业风险发生规律和风险控制技术的一门新兴管理科学，养猪企业在生产经营过程中，通过养猪业风险识别、分析、风险衡量、风险评价，并在此基础上优化组合各种风险管理技术，对风险实施有效的控制和妥善处理风险所致的后果，期望达到以最小的成本获得最大安全保障的目标。

　　生猪业是一个高风险产业。猪肉质量安全问题、生猪生产的环境污染、生猪价格的市场波动、疫病和自然灾难等都是生猪业面临的风险，都有可能给生猪业带来沉重的打击。通常情况下，生猪业的风险交织着多种风险类型。这些风险类型和因素本身是可以进行估量和评价的，也是可以控制的。从风险分析与识别到风险评价，再到风险防控决策已经形成一个风险管理的链条。

一、养猪业的风险隐患

　　中小猪场多由散养发展而来，普遍存在着重生产、轻管理现象，投资带有很大盲目性，往往是看到猪价高了，就一哄而上建猪场，等生猪出栏时，猪价却落入低谷，经营陷入亏损，加上资金紧张，很多猪场支撑不下去。一些猪场由几户联合，运营中缺乏规范的管理，纷争不断，疾病流行，往往以失败而告终。对国家的产业政策调整、食品安全及环境保护方面出台的法规没有应对措施，也存在很大的风险隐患。

养猪业的风险在很大程度上产生于生猪的生产过程，饲料调配、育种与繁殖、疫病与卫生、饲养技术、经营与管理、产品加工等环节都有可能跟生猪业风险联系在一起。

（一）饲料调配风险

在生猪饲料的研制、调配与生产过程中，饲料的安全性始终是一个至关重要的问题。饲料的安全性指饲料不会危害生猪的生长发育，并且对猪肉产品的质量没有负面影响。事实上，很多的生猪业风险事件都与饲料有着直接或间接的关系。饲料安全是当前生猪业相关政策特别关注的对象。

（二）品种繁育风险

生物技术在生猪繁殖与品种培育过程中广泛运用，一方面提高了繁殖与品种培育的效益，另一方面在这一过程中风险也仍然存在。特别值得一提的是，生物技术本身具有某种负效应，以转基因动物的生产与生殖技术为例，其安全性仍然没有得到可靠的检验。

（三）疫病风险

疫病防控是生猪生产过程中一个关键环节，这一环节与生猪业的风险有着更为直接的联系。疫病的暴发本身就是一种常见的风险事件。这类风险事件如果处置不当，还有可能转化为一个社会危机事件。因此，疫病的防控本身就具有风险防范的意味，生猪业应有一套完整而规范的免疫计划。

（四）饲养技术风险

生猪生产有一套成熟技术，任何一个差错都有可能引发风险。无公害安全生产作为一种生猪生产技术，保证生猪生产对环境是无害的，保证生猪产品是安全的，符合绿色食品认证的要求，本身即将风险问题作为一个核心问题来加以考虑。

（五）经营管理风险

养猪业的经营管理直接关系到效益，而效益问题又与风险相关。风险的爆发会导致效益的下降，风险管理是生猪业经营管理的重要内容。养猪企业要有生产管理风险意识，要制定详细的风险预案。在市场经济的背景下，市场风险及其应对已经成为生猪生产企业销售管理和成本核算等关注的重要内容。

（六）猪肉加工风险

猪肉产品质量安全问题与生猪饲养的过程有关，与猪肉产品的生产过程和工艺有关。产品的加工过程完全可以纳入生猪业风险防范的范畴。

二、养猪业风险因素分析

从我国养猪业现状出发，根据行业特点，把养猪业的风险因素划分为四大因素：生产风险因素、市场风险因素、管理风险因素和政策风险因素。

（一）生产风险因素

生产风险因素指养猪业在生产、运输过程中的疫病、生产模式、自然灾害、安全事故等因自然或技术原因造成损失的各种风险因素，它对养猪业造成的危害一般比较严重。

1. 疫病风险因素　养猪业面临的主要生产风险就是各种疫情疫病灾害所造成的损失，其发生与猪场的选址、生产模式、场内布局、设施设备、饲养管理及卫生防疫标准、投入、技术力量、粪便处理等有直接关系。

2. 技术风险因素　养猪业的生产成绩很大程度上取决于企业的技术水平和技术投入，包括生产技术模式、技术水平、引种等软件因素及硬件设施建设。其中，生产模式和技术水平决定着养殖成绩，也直接影响养猪业生产者的效益。

3. 自然灾害风险因素　养猪业具有动物生产的生物学特性，决定了其容易受到各种自然灾害导致的损失，如地质灾害、气象灾害、地震、泥石流、洪涝、干旱、冰雹、龙卷风、暴雨雪等，都能影响猪的正常生长与繁殖，给养猪户带来损失。同时，自然灾害带来的损失还会通过饲料产量及其价格变化等影响到养猪业。

4. 安全风险因素　在生产、饲养、运输过程中，养猪场遇到种种突发安全事故，也会造成相应的损失，而猪舍及各种设施的改扩建施工中也可能会出现安全事故。停电事故发生时，如无备用电源及备用水源，会导致猪场供水困难，影响饮水、冲刷栏舍，夏季影响降温，造成生猪饲养困难，对冬季采取电暖供热的规模场，影响较大。一些养猪场由于远离村庄，在治安环境较差的地方，容易发生盗抢事故，给经营者带来损失。运输过程中可能发生的交通事故、疫情传播等各种事件，会造成一定的损失。新建、改扩建工程施工中发生安全事故，特别是造成人员伤亡的，会给经营者带来较大的经济损失。

（二）市场风险因素

市场风险是一种潜在风险，包括供需矛盾引起的风险和国民经济宏观调控引起的风险，会直接影响到养猪业的利润。

我国生猪产业集中度低，市场竞争充分，价格完全由市场决定，受生产周期及疫病等多种因素影响，生猪价格波动频繁、幅度较大，周期性明显，一般 3～5 年经历一个大的周期起伏，给生产者、社会大众均带来较大的损失。

导致生猪市场价格起伏的因素主要有：生产变化、需求变化、进出口及替代品的影响，还有交通运输等诸多因素。

1. **价格风险因素**　研究表明，生猪价格弹性小，产量的很小变化就会带来生猪价格很大的波动，表现为发散型蛛网。由于生产受自然因素及价格波动因素的共同影响，因此其产量波动常常导致市场供求平衡不断被打破。当供过于求时，引发价格暴跌，逼着养猪业生产者忍痛宰杀母猪，处理仔猪，造成很大损失，甚至导致猪场倒闭。暴跌过后，生猪供应迅速下降，又变成了供不应求，价格暴涨。在养猪户赚取暴利的同时，整个社会付出沉重的代价。暴利又吸引相当数量的人和资金投入养殖。于是又为新一轮的价格暴跌打下基础。整个养猪行业至今仍未走出暴涨暴跌的恶性循环。

2. **成本风险因素**　生猪成本由饲料、药品、电费、人工费用、财务费用构成，其中饲料占 60%～70%，其他占 10%～15%。由于饲料价格变动造成生猪成本不断波动，而生猪价格往往不能与饲料价格变化同步，因而导致生猪生产不断在盈亏间波动。

3. **替代品风险因素**　畜产品之间有替代性和价格传导性。一种畜产品价格的提高会导致部分对此畜产品的需求转向其他畜产品，使得其他畜产品由于需求量的增加而导致价格提高。这种畜产品之间的替代性情况，一般表现为主导畜产品的价格变动影响非主导畜产品的价格，同时主导畜产品的价格既受畜禽自身生物规律的影响，也在一定程度上受其他畜产品价格的影响。我国大部分地区的主导畜产品是猪肉，生猪的价格波动对畜产品市场价格的影响很大。

另外，禽蛋、蔬菜等也有很强的替代作用。如每年春节后，新鲜蔬菜大量上市，价格下跌，再加上天气因素影响，会导致猪价下跌进入淡季。

4. 进出口风险因素　我国生猪出口受美国、欧盟的贸易壁垒封锁，生猪及猪肉出口市场狭小，主要是日本、吉尔吉斯斯坦和我国香港；猪肉进口国为美国、英国、墨西哥、西班牙等。

2007—2008 年，我国生猪价格暴涨，进口猪肉数量随之出现较快增加，但 2008 年全国猪肉进口量仅为 3.7 万吨。2009 年猪肉进口量出现下滑，但 2010 年后猪肉进口量再次快速增长，2011 年 12 月单月进口达到 8.9 万吨。2013 年我国进口猪肉 58.4 万吨，出口猪肉 7.3 万吨。2014 年全国猪肉进口量为 56.2 万吨，占国内猪肉产量的 1% 左右。2011—2014 年 4 年中，进口猪肉比例占全国猪肉产量维持在 0.8%～1.5% 水平，暂未对国内猪肉价格产生直接影响。2015 年中国肉类进、出口频繁，前三季度我国累计进、出口猪肉 57.7 万吨，比上年同期增加 17.9%，其中进口猪肉 51.8 万吨，增加 22.4%；出口猪肉 5.9 万吨，减少 10.7%。

之所以说外国猪肉对国内猪肉市场的冲击力大，主要是因为洋猪肉太便宜了。由于我国养殖水平低下，加上饲料原料价格高，推高了养殖成本，因此国内猪肉价格普遍高于外国猪肉价格。当我国处于猪肉供应趋紧、猪价高位的阶段，一些大的屠宰企业和食品企业开始大量进口外国猪肉降低采购成本。另外，我国又是世界猪肉消费及生产第一大国，在消费量大、猪价又高的情况下，很多国家不遗余力地与我国建立猪肉贸易关系，以求分得中国猪肉市场这块大蛋糕。而今我国已度过了 WTO 的保护期，一旦我国农产品价格开放、降低关税后，国内猪肉市场受到的冲击定然不小。

（三）管理风险因素

无论是中小猪场，还是规模化猪场，管理水平的高低对其盈亏影响越来越大。管理方面风险较大的因素有：财务风险、经营风险、人力资源风险和舞弊风险等。

1. **财务风险因素**　养猪的资金投入，能否获得预期收益，反映为财务风险因素。对规模养猪户来说，良好的财务状况可以保证养猪企业的正常运营，但如果出现企业债权不能收回，对外投资失败、亏损导致资金周转困难，银行贷款无力偿还等情况时，很可能导致养猪企业停产倒闭或易主。

2. **经营风险因素**　规模养猪场需要有较高的经营管理水平，需要处理从投资评估、选址设计、筹资、建设、运营、购销等一系列经营问题，如管理不善会造成投资浪费、管理混乱、成本超支、生产成绩低下、企业盈利能力差，甚至导致养猪企业破产倒闭。

3. **人力资源风险因素**　任何一个企业的经营都要靠人去完成，对规模养猪企业来说，由于工作环境封闭，时间连续性强，如何吸引优秀员工，充分发挥员工的潜力，防止员工跳槽、流失，是人力资源管理上必须解决的问题。

近几年，一些中小猪场就体会到了招聘饲养员的艰难，工资涨了又涨，还是挡不住一些熟练饲养员的频繁跳槽。而有一定经验的技术人员，更是大中型猪场争抢的对象。对规模养猪企业来说，无论是管理人员，还是有经验的技术人员，或是饲养员的离职都会给企业的生产经营带来一定的损失。

4. **舞弊风险因素**　随着养殖规模的扩大，一些养猪户必须雇佣他人从事饲养技术，甚至管理工作，不可避免地产生代理行为，客观上存在着舞弊风险的可能。企业中如果同时存在薄弱的控制、未加维护的资源、渎职的管理者和不诚实的员工，就可能

产生舞弊行为，会造成企业的财务损失、声誉损失，严重的会导致企业倒闭。

（四）政策风险因素

政策风险即因政府法律、法规、政策、管理体制、规划的变动，税收、利率的变化或行业专项整治，造成损害的可能性。

政策环境对养猪业有较大的影响，宏观经济政策影响整个国民经济的景气度，养猪产业政策、环境保护政策、食品安全政策等均直接影响制约养猪业的发展。

1. 生猪产业政策风险因素　养猪业受国家生猪产业政策影响较大，国家相关产业政策主要包括扶助规模生猪生产的一系列优惠政策，如扶助规模场政策、母猪补贴政策、母猪及生猪保险补助政策、养殖小区扶助政策。

国家对生猪养殖在 1985 年以前实行的是政府定价，统购统销，后来逐步放开了购销及价格管理，整个行业全面市场化，促进了养猪业的大发展。但由于产业集中度低，散养户众多，生猪价格大起大落，也给养猪者和消费者带来很大损失，尤其是 2007 年以来，猪价暴涨，拉动食品价格乃至整个 CPI 的快速上涨，严重影响了国民经济的正常运转，引起了国家的高度重视，国家相继出台了一系列扶助政策，目的是扶助养猪业发展，扩大生猪供给，提高养猪业规模化水平，促进养猪业的长期健康发展。但众多优惠政策，加上 2007—2008 年的高猪价，养猪行业的暴利，吸引了大批资本投入养猪业，直接的后果是促使养猪规模迅速扩张，再加上从 2008 年下半年放开猪肉进口，市场供大于求，肉价带动猪价一路下滑。到 2009 年 4 月份，生猪收购价降到 9 元 / 千克以下，局部地区甚至达到 7.6 元 / 千克，造成全行业亏损。6 月份国家紧急启动 12 万吨冻肉储备，才把猪价拉回到盈亏点上方。2009 年中央一号文件提出“采取市场预警、储备调节、增加险种、期货交易等措施，稳定发展生猪产业"。国家发改委等六部委于 2009 年初出台了《防止生猪价格过度下跌调控预案（暂行）》，提出了生猪行业调控目标，把猪粮比例处于 9∶1～6∶1 定为合理范围。当猪粮比价高于 9∶1 时，投放冻肉储备，平抑猪价；当猪粮比价低于 6∶1 时，发布预警信息；当猪粮比价低于 5.5∶1 时启动二级响应；当猪粮比价低于 5∶1 时，启动一级响应，较大幅度增加中央冻肉储备规模。对国家确定的生猪调出大县的养殖户（场），每头能繁母猪发放一次性临时饲养补贴，限制猪肉进口。

关于冻猪肉收储，养猪业内人士评价，收储行动虽减轻了猪价的波动，却不利于落后产能的淘汰，能繁母猪数量未得到压缩，延长了供过于求的周期，拉长了养猪业的亏损时间，使短痛变成了长痛。可以看出，按照国家对生猪行业的政策，当生猪价格下滑时，只有深度亏损，造成饲养户过度宰杀母猪，国家才会强力干预，因此对国家的产业扶助政策的效果要有清醒认识，绝不能盲目乐观。

2. 环保政策风险因素　随着近年来我国养猪业从低生产力的农户散养模式向高生产力的集约化养殖模式转变，养猪业废弃物已成为当前农村污染的主要来源之一，养猪业环境风险日益突出。近年来，面对严峻的养猪业环境风险形势，我国不断出台一系列的污染防治政策，如 2014 年 1 月开始施行的《畜禽规模养殖污染防治条例》和 2015 年 1 月 1 日起实施的新《环境保护法》，都对畜禽养殖全过程的环境监管提出了更严格的要求。

养猪业长期面临着对环境的污染问题，包括粪便污染、空气污染、重金属污染。在大城市和一些经济发达地区对养猪已经开始实行划区禁养，其他地方多数也要求猪场配套建设环保治污设施，对治污不达标的规模养猪场实行征收排污费、限期达标、关停等措施。

3. 食品安全风险因素 民以食为天，食以安为先，食品安全事关人民身体健康与生命安全。近年来，随着一批食品安全事件的曝光，如"三聚氰胺"事件、"瘦肉精"中毒事件，社会对食品安全高度关注。国家于2009年出台了《中华人民共和国食品安全法》，并于当年6月1日起施行。2010年2月份成立了由国务院常务副总理任主任的国务院食品安全委员会，可见国家对食品安全的要求已经上升到法律层面。

目前，大中型猪场还不多，不少中小猪场和散养户还在不同程度上采用传统生产方式，其饲养、防疫、用药等方面很不规范，安全生产意识薄弱，常常有意无意造成食品卫生安全问题。据农业部门问卷调查结果显示，九成以上的农户选购农药、兽药时，考虑的只是价格和防治效果，很少顾及食品卫生安全。少数养猪户在防病、促进动物生长发育和提高饲料利用率时，为了追求经济利益，过量或随意使用各种抗生素、添加剂、化学合成药物和激素类物质等，造成动物性食品药物残留超标。具有各种残留的猪肉流入市场，不仅危害人类健康，而且严重影响养猪业的可持续发展。

三、养猪业风险管理对策

通过对养猪业风险因素分析，可以看出养猪业仍是一个高风险的行业。养猪企业应结合自身实际和风险管理的基本方法，运用各种风险管理技术，针对养猪业现状，提出针对性的风险管理对策，制定出切实可行的风险管理方案，有效预防养猪业风险的发生，控制减弱风险带来的损失。当然，养猪业风险管理不可能一蹴而就，还要根据风险因素的变化，及时总结评估风险管理的效果，与同行业者加强风险交流，完善风险管理方案，实现最理想效果。

（一）养猪业风险管理技术

风险管理技术包括风险回避、风险降低、风险转移、风险自留等，结合养猪业各主要风险的损失程度和发生可能性，分别适用不同的风险管理技术。

1. 风险管理技术　风险管理技术是指风险管理者为预防和减少风险事故发生，减少风险事故造成的损失，实现风险管理目标而采取的各种方法和措施。主要有风险回避、风险降低、风险转移、风险自留等。

（1）风险回避　风险管理单位有意识地放弃风险行为，回避损失发生的可能性。它是处理风险的一种消极方法，可以明确地避免风险的发生。优点是简单易行，能够完全彻底根除风险，如为规避道路运输风险，猪场购料采取直接在本场交接货物；缺点是因回避风险而放弃了潜在的收益，增加了机会成本。

（2）风险降低　风险管理单位制订计划并采取措施来降低损失的可能性或者是减少实际损失，以求把损失降为最低。如采取猪场消毒、隔离等防疫措施，以降低发生疫情的可能。

（3）风险转移　风险管理单位有意识地将风险损失或与风险损失有关的财务后果转嫁给他人，来降低自身损失。分为直接转移和间接转移。主要有合同、保险、转让、转包租赁、保证等。

（4）风险自留　风险管理单位对风险的自我承担。采取自留方法，必须考虑经济上的合算性和可行性，同时应采取预留必要的风险储备金、应急费以及安全保护等措施。例如，养猪场在效益好时，资金应预留储备，以备不时之需。

2. 养猪业风险管理技术的应用　养猪场在应对各种风险时，对风险管理技术的选用可参照以下原则：

（1）生产风险　发生的频率高，造成的损失较重。宜采用风险降低措施，来提高生产成绩，辅之以风险转移措施化解安全风险。

（2）**市场风险** 发生的频率虽不高，但造成的损失大。一般可采取风险转移措施，辅助可采取风险回避措施。

（3）**管理风险** 发生的频率及造成的损失均为一般。宜采取风险降低措施，风险自留。

（4）**政策风险** 虽然发生的频率不高，但造成的后果严重。只能适用风险自留，必须采取切实措施予以化解。

（二）养猪业风险管理对策

在对养猪业风险系统分析的基础上，运用风险管理技术，结合风险现状，针对目前养猪业疫情、价格等风险因素比较高的实际，提出以下风险管理对策：

1.提高生产成绩降低生产风险

养猪业生产者在合理选址的基础上，通过规模化、标准化生产，科学的卫生防疫措施，来提高生产成绩，从而降低生产风险。重点可采取以下措施：

（1）**规模化养猪** 养猪业生产者宜采取合理的规模，形成资金、技术、防疫、品种改良、销售、采购、管理等方面的比较优势，提高生产成绩与效益。规模化不代表越大越好，而要适度规模，特大型的养猪企业也要通过分区养殖、分散饲养的办法，保持合理的饲养密度。

中小猪场，可以通过各种联合的办法，组建企业集团或联盟，壮大规模，共享技术信息资源，提高抵抗风险能力。众多的散养户可以通过"公司＋农户"模式，依托龙头企业，在其信息、技术、防疫、饲料、药品供应、产品销售等方面的统一服务下，抓好生产，减少一家一户在技术、资金、信息等方面的局限性，有效降低各种风险。

（2）**标准化生产** 生猪标准化生产是指运用"统一、简化、协调、优化"的原则，对生猪产前、产中、产后全过程，通过制定和实施标准，确保生猪产品的质量和安全，提高养殖经济效益，保护环境，促进生猪流通，规范市场秩序，指导生产、引导消费，从而取得良好的生态、经济和社会效益。

生猪标准化生产主要内容：猪舍标准化，养猪设施化，生产环境标准化，品种标准化，饲料标准化，饲养管理标准化，卫生消毒防疫标准化，生产管理和经营标准化，猪肉产品安全化，废弃物处理无害化，养殖档案规范化等。

（3）科学的卫生防疫措施　贯彻防范重于治疗思想，有效降低疫病的风险。从三方面严格卫生防疫措施：一是严格的消毒。设大门消毒池、生产区消毒室，猪舍和用具采用机械清扫、冲洗和化学消毒。特别是对进场车辆、人员要严格消毒程序，在生产上采用"全进全出"制度，同时做好病死猪及粪污无害化处理。二是科学的免疫方案。规模猪场必须制定科学的免疫方案，并严格按照方案进行免疫。重点抓好口蹄疫、猪瘟、蓝耳病、猪伪狂犬病等疾病的免疫与检测。还要注意引进种猪的检疫工作。三是严格的隔离措施。包括猪场与外界的物理隔离，如围墙或隔离沟，健康猪与病猪的隔离，生产区与生活区的隔离，以及生产区之间的隔离等。

2.重视预警信息转移回避市场风险

（1）重视预警信息　养猪的周期性较强，市场波动变化频繁，因此养猪业生产者必须重视预警信息，加强信息沟通联系，可通过报刊、网络、行业协会和当地畜牧部门等及时了解掌握市场行情，积极规避价格低谷。

（2）采取订单、期货、拉长产业链等转移价格风险　养猪业生产者应当结合各种价格信息，合理采取订单等形式，锁定预期价格，避免价格波动带来的损失。还可以通过拉长产业链的方式，向上、下游延伸，提升抗风险能力。养猪行业要积极呼吁政府适时推出生猪期货，完善市场手段调控市场价格的过度波动。生猪期货一旦正式推出，将对养猪业生产者风险锁定、价格发现，形成导向作用，有利于养猪行业的健康发展，是行业内翘首盼望的大事。

（3）合理调控生产，回避价格低谷期　在生猪期货未推出的情况下，要关注生猪电子商务中远期交易。生猪电子商务是中远期交易的生猪现货，苏州、湖南和重庆都已经开展了这项业务。2009 年，苏州大中商品电子交易中心挂牌交易生猪，这是我国第一家生猪电子商务中远期交易平台，已有养猪场与屠宰企业通过该平台进行交易，由于该平台是开放的，网站浏览者可以便捷地得到市场交易信息（价格、交易量），猪场和屠宰商都可以据此信息对市场供求关系进行判断，调整各自的生产。

生猪期货作为一种风险管理工具，可以利用期货的价格发现功能，引导养猪户合理确定饲养规模，科学把握销售时机，降低生猪饲养和销售的盲目性。还可以为猪肉加工、贸易等相关企业通过套期保值业务提前锁定价格，回避猪肉价格变动的风险，保证企业收益的稳定。

3. 提升管理水平，化解管理风险

（1）规范管理，建立合理的内控制度　随着猪场规模扩大，不能仅仅认为把猪养好就万事大吉，不但要抓好生产，而且要抓好经营，要建立健全企业的各项管理制度及内控制度，保证经营正常运转。一些养猪企业是合伙或股份形式建立，应参照相关法律、规定制定公司章程，完善公司管理结构，并需按照国家相关法律、法规制定完备的管理制度、财务制度、会计核算制度、内审制度。通过制度，明确职责，完善企业的内部控制，预防各种损害企业利益的现象发生。出现损害企业利益的事件后，完善的企业内控制度可以帮助追回、减轻损失。保证企业运作顺畅，避免各种纠纷影响企业的运转与生存。

（2）加强财务管理，保持合理负债水平　养猪企业要量力而行，避免盲目扩张，导致资金周转困难，生产经营难以为继。对外投资应做好预案，评估收益与风险，保证投资回报，严格控制投资风险。养猪企业应保持一定的资金储备或筹资能力，保证价格低谷时能支撑过去。因养猪业周期性强，在价格低谷期，规模场要保持一定的生产能力，只有这样才能在价格回升时迅速扩大规模，取得较大经济收益。

（3）搞好企业文化建设，增强企业凝聚力　建立积极健康的企业文化，凝聚人心，吸引人才，打造团队，成为猪场良好运转的保障。要关心员工生活，给职工创造良好的生活条件、福利待遇、文化娱乐、伙食，使员工安心工作。

4.重视企业社会责任，消除政策风险

企业违背了自己的社会责任，必然会带来恶果。养猪企业要重视自己的社会责任，为社会提供放心肉。只有履行了社会责任，才可能消除各项政策风险。

（1）搞好品牌建设，注重食品安全　从食品安全风险防范的角度，首先要做好无害化生产，取得无公害产品认证。规模猪场要避免低效竞争，就应当注册自己的商标，逐步创出自己的品牌，形成良好的信誉，避免市场上的恶性竞争。食品安全上，必须杜绝使用国家明令禁止的添加剂药物。我国对瘦肉精等已实行零容忍，个别不良从业者违法使用，既给社会带来严重危害，也给自己留下巨大风险，一旦酿成恶性事故，必将造成毁灭性打击，更会殃及无辜。

（2）发展循环经济，倡导生态饲养，保护生态环境　要保证猪场的良好发展，就必须解决好环境污染问题；否则，不仅会招致环保部门的干预，还会与周边群众发生纠纷。规模养猪企业，应结合本地实际，发展生态农业，贯彻减量化、再利用、再循环原则，积极发展生态养猪模式，推行干湿分离，猪粪制成生物肥或直接施入粮田，建设沼气池处理猪粪尿，利用沼气发电、取暖照明，沼渣沼液用来种果树、种粮种菜、养鱼。

（三）协调好各方面关系，争取各项扶助政策

养猪业生产者要妥善协调好与政府、部门、地方及四邻关系，为企业的发展创造一个良好的外部环境。争取各项扶助政策，可以降低养猪场成本。国家现行扶持政策有：一是年出栏万头以上的规模猪场可以申请农业部备案猪场；二是规模猪场经市级验收可以申报国家规模猪场补助项目；三是养殖用地按农业用地处理，对于猪场贷款财政部门给予贴息；四是规模猪场可享受人工授精项目补助；五是如果猪场按环保标准建造，可获补助；六是能繁母猪可得到补贴并可参加保险。业内人士应当积极呼吁，争取国家早日对生猪实行最低保护价，降低市场波动，减轻养猪业者负担，避免猪肉价格暴涨暴跌冲击物价，影响百姓生活。

总之，养猪业生产者可以根据自身实际，选取合适的风险管理技术和对策，制定实施风险管理方案，有效地管理猪场面临的各种风险，降低损失，保证经营的效益。当然，一个风险管理方案并不能一劳永逸地化解猪场的所有风险，因为各种风险因素是在不断发展变化的，所以风险管理也是一个动态运转的过程，必须不断根据风险因素的变化，及时评估风险管理方案的实施效果。加强风险交流，修改完善管理方案，以较少的投入，取得最佳的效果。

参考文献

［1］华利忠，刘茂军，冯志新，邵国青. 浅谈中小型规模猪场场长的素质［J］. 中国畜牧兽医文摘，2012，28（5）：3.

［2］黎作华. 如何做一个好的猪场场长［J］. 猪业科学，2007，2：50-51.

［3］刘志辉. 规模化猪场场长的基本素质和管理思路［J］. 猪业科学，2012，12：110.

［4］吴正杰. 试论规模化猪场场长的素质要求及其管理方略［J］. 今日养猪业，2012，6：32-35.

［5］武英，成建国. 生猪标准化规模养殖技术［M］. 北京：金盾出版社，2014.

［6］唐立荣. 当好规模猪场场长的思考［J］. 猪业科学，2011，10：72-73.

［7］赵龙. 猪场人力资源管理之定岗定编［J］. 中国猪业，2015，5：41-43.

［8］覃树华，袁善益，凌丽萍. 关于规模猪场组织结构设置的探讨［J］. 广西畜牧兽医，2014，30（1）：20-23.

［9］闫锐峰，马洪波. 猪场场长工作职责与方法［J］. 养殖技术顾问，2008，3：109.

［10］雷胜辉，屠坷峰，杨磊. 从丹麦农场经理教育看我国规

模猪场职业场长的培养［J］.今日养猪业，2011，4：40-42.

［11］杨平.创新猪场管理机制促进企业员工双赢——养猪人如何打造自己的铁拳团队［J］.猪业观察，2014，11：58-60.

［12］皇甫祖启.规模化猪场的现代企业管理浅析［J］.湖北畜牧兽医，2014，35（12）：51-52.

［13］吴荣杰，孙晓燕.规模化猪场生产统计体系建设和数据分析利用［J］.养猪，2014，6：81-86.

［14］林松，成建国，王继英，呼红梅.规范指标化养猪研究探索［J］.养猪，2014，7：116-118.

［15］张振旺.河南省养猪业风险管理研究［J］.郑州大学专业硕士学位论文，2010，5.

［16］高硕，季柯辛，王美红.养猪场（户）生猪养殖档案建设行为的影响因素分析［J］.新疆农垦经济，2013，5：1-6.

［17］赵振省.现代猪场优秀员工的培养［J］.猪业观察，2014，9：67-69.

［18］曹日亮，任毅菲，马启军.养猪场的经营管理［J］.太原科技，2000，4：8-11.

［19］商景峰，杨君君.浅论规模化猪场人力资源管理，中国畜牧兽医学会养猪学分会2009年学术年会"回盛生物"杯全国养猪技术论文大赛论文集，2009，515-518.

［20］陈奎.规模化猪场薪酬管理.网站百度文库.

［21］蔡相毅.规模猪场人员的招聘和管理工作［J］.当代畜牧，2014，12：87-88.

［22］方礼禄，虞桂平，刘峰，杨光.规模化猪场的人员管理［J］.国外畜牧学（猪与禽），2013，10：81-83.

［23］武英，张风祥.猪健康养殖技术［M］.北京：中国农业大学出版社，2013.

［24］曲万文.现代猪场生产管理实用技术（第2版）［M］.

北京：中国农业出版社，2009.

[25] 刘丹. 新津县生猪规模化养殖的经济效益及影响因素研究——来自63个生猪规模养殖场的数据 [C]. 四川农业大学硕士学位论文，2013，6.

[26] 李茜茜. 山东省生猪饲养成本效益及规模选择研究 [C]. 山东农业大学硕士学位论文，2014，6.

[27] 朱丹，韩盛利. 规模猪场养殖档案管理策略 [J]. 猪业科学，2012，8：102–103.

[28] 张玉丹. 规模化养殖场档案的填写与管理 [J]. 中国农业信息，2013，17：131.

[29] 黄伟华，古崇. 如何做好标准化规模养猪场生产信息管理 [J]. 湖南饲料，2012，1：28–29.

[30] 冯迎春，欧阳，赵国栋，王帅，孔令蕊. 数据管理在养猪生产中的应用现状 [J]. 猪业观察，2015，1：54–57.

[31] 陈双庆. 我国生猪养殖的适度规模研究 [C]. 中国农业科学院农村与区域发展硕士论文，2014，6.

[32] 贾巧玲. 我国生猪价格波动的原因及对策研究 [C]. 首都经济贸易大学硕士学位论文，2014，5.

[33] 陈健雄. 大型种猪企业营销实战策略 [J]. 农产品市场周刊，2004，35：38–39.

[34] 吴同山，汪宝东. 种猪场的营销之道 [J]. 今日养猪业，2007，4：50，12.

[35] 施增斌，张兴龙，谢建新，戴岚. 种猪的营销策略 [J]. 江西畜牧兽医杂志，1999，6：22.

[36] 陈锋剑，如何建立种猪场有效的营销体系 [J]. 猪业观察，2014，10：57–62.

[37] 乐冬，杨海变，柏丹霞，易晓峰，魏月琴，于莹. 浅析我国互联网＋猪产业的发展现状与未来趋势 [J]. 中国猪业，

2015，12：13-17.

［38］陈昌洪. 四川生猪国际竞争力研究［C］. 西北农林科技大学 2008 届博士学位论文，2008，10.

［39］赵辉，李顺阁，高晓雷. 种猪企业的网络营销理念和实施［J］. 今日畜牧兽医，2014，2：13-17.

［40］李媛莎. 荣昌猪互联网转型［J］. 农产品市场周刊，2015，28：37.

［41］田自更，申凌梅. 猪场的市场营销策略［J］. 畜牧与饲料科学，2010，31（1）：113.

［42］刘世茂. 论规模化养猪业的绿色营销策略［J］. 饲料广角，2010，9：18-21，39.

［43］赵春水. 中小饲料企业原料采购管理策略［J］. 中国牧业通讯，2007，12：85-86.

［44］陈舒宁.《饲料质量安全管理规范》导读（一）—原料采购与管理［J］. 广东饲料，2015，24（4）：16-19.

［45］刘昌华. 饲料加工企业采购管理问题的研究［C］. 华中科技大学硕士学位论文，2005，4.

［46］陈舒宁.《饲料质量安全管理规范》导读（二）—生产过程控制　产品质量控制［J］. 广东饲料，2015，24（5）：16-20.

［47］孙琳娣，唱国祥. 饲料加工车间生产过程的质量控制［J］. 饲料博览，2005，3：40-41.

［48］吴买生，唐锦辉，粟泽雄，章海军. 浅谈猪场饲料管理［J］. 猪业科学，2008，3：26-27.

［49］卢纪和. 猪场数据的采集、分析与管理［J］. 猪业观察，2014，4，66-71.

［50］王蒙英，祝默，宝音，杨勇，包金山，塔娜，刘迎贵. 兽药的采购与验收［J］. 畜禽业，2011，10：270，54-56.

［51］段美玉. 养殖户购买兽药时应注意的问题［J］. 中国牧

业通讯，2010，23：49.

［52］周军．郭艳，郑晓霞，赵保琴．购买兽药"十五看"［J］.兽医导刊，2012，7：44，56.

［53］刘文春．选购兽药产品的注意事项［J］．养殖与饲料，2015，8：37-38.

［55］王燕．柳河县对规模养殖场规范使用兽药四项制度的落实情况［J］．当代畜禽养殖业，2014，12：59.

［56］李文政．养鸡场如何正确贮存兽药［J］．养禽与禽病防治，2013，3：42-43.

［57］许英民．影响兽药质量因素及贮存保管方法［J］．兽医导刊，2014，4：46-47.

［58］徐亮．冠大川，于源鑫．养殖场（小区）购进兽药保存几点建议［J］．吉林畜牧兽医，2015，9：58-59.

［59］江西省农业厅．江西省兽药使用质量管理规范（试行）［J］．江西畜牧兽医杂志，2014，2：38.40.

［61］龚学文．北美 SMS 猪场标杆管理系统应用体会．第十届（2012）中国猪业发展大会论文集，2012，56-58.

［62］吴玉会，李建国．浅谈畜禽场养殖档案的内容和管理［J］．中国畜禽种业，2012，12：23-24.

［63］邓凌霏，庞金波．我国生猪期货上市问题的研究综述［J］．中国畜牧杂志，2014，50（18）：13-17.

［64］张守莉．吉林省生猪产业发展研究［C］．吉林农业大学博士学位论文，2012，6.

［65］孙秀玲．中国生猪价格波动机理研究（2000—2014）［C］．中国农业大学博士学位论文，2015，6.

［66］陈艳丽．2015 年国内生猪市场分析及 2016 年展望［J］．农业展望，2015，11：12-16.

［67］靳利粉．生猪生产生物安全管理体系的研究［C］．河南农业大学兽医硕士论文，2014，6．

［68］张学超．猪场生产人员绩效考核和管理办法［J］．猪业科学，2008，6：50-52．

［69］陈银开．规模化猪场关键绩效指标［J］．养猪，2006，3：51-53．

［70］董联合．规模化猪场实施生产绩效管理的具体做法［J］．猪业科学，2014，11：116-117．

［71］张杰．规模猪场生产绩效考核实施条件及绩效考核方案的设计思路［J］．中国猪业，2014，11：31-32．

［72］林亦孝．浅析猪场绩效管理［J］．今日畜牧兽医，2014，3：1-4．

［73］易泽忠．湖南生猪业发展及其风险管理研究［C］．中南大学博士学位论文，2012，7．

［74］张保良，张德军．场长素质是猪场成败的关键［J］．养猪，2016，2：83-84．

［75］夏东林．猪场计划管理的措施［J］．养殖技术顾问，2014，12：40．

［76］孟祥瑞．规模化种猪场繁育管理数据库的设计［C］．东北农业大学硕士学位论文，2015，6．

［77］杨亮，熊本海，吕健强，常乐，孙秀坤．山黑猪繁殖数据网络数据库平台的开发［J］．中国农业科学，2013，46（12）：2550-2557．

［78］高硕，季柯辛，王美红．养猪场（户）生猪养殖档案建设行为的影响因素分析［J］．新疆农垦经济，2013，5：1-6．

［79］郭四保．浅谈养殖场养殖档案的建立与管理［J］．中国畜禽种业，2014，3：9-10．

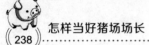

［80］邓海明，覃树华. 浅谈规模猪场人力资源管理［J］. 广西畜牧兽医，2014，30（5）：245-249.

［81］齐华磊，刘莹莹. 规模化猪场绩效管理方法［J］. 今日养猪业，2013，5：21-22.

三农编辑部新书推荐

书　名	定　价
西葫芦实用栽培技术	16.00
萝卜实用栽培技术	16.00
杏实用栽培技术	15.00
葡萄实用栽培技术	19.00
梨实用栽培技术	21.00
特种昆虫养殖实用技术	29.00
水蛭养殖实用技术	15.00
特禽养殖实用技术	36.00
牛蛙养殖实用技术	15.00
泥鳅养殖实用技术	19.00
设施蔬菜高效栽培与安全施肥	32.00
设施果树高效栽培与安全施肥	29.00
特色经济作物栽培与加工	26.00
砂糖橘实用栽培技术	28.00
黄瓜实用栽培技术	15.00
西瓜实用栽培技术	18.00
怎样当好猪场场长	26.00
林下养蜂技术	25.00
獭兔科学养殖技术	22.00
怎样当好猪场饲养员	18.00
毛兔科学养殖技术	24.00
肉兔科学养殖技术	26.00
羔羊育肥技术	16.00

三农编辑部即将出版的新书

序　号	书　名
1	提高肉鸡养殖效益关键技术
2	提高母猪繁殖率实用技术
3	种草养肉牛实用技术问答
4	怎样当好猪场兽医
5	肉羊养殖创业致富指导
6	肉鸽养殖致富指导
7	果园林地生态养鹅关键技术
8	鸡鸭鹅病中西医防治实用技术
9	毛皮动物疾病防治实用技术
10	天麻实用栽培技术
11	甘草实用栽培技术
12	金银花实用栽培技术
13	黄芪实用栽培技术
14	番茄栽培新技术
15	甜瓜栽培新技术
16	魔芋栽培与加工利用
17	香菇优质生产技术
18	茄子栽培新技术
19	蔬菜栽培关键技术与经验
20	李高产栽培技术
21	枸杞优质丰产栽培
22	草菇优质生产技术
23	山楂优质栽培技术
24	板栗高产栽培技术
25	猕猴桃丰产栽培新技术
26	食用菌菌种生产技术